Wolfgang Hein

Die Mathematik im Mittelalter

Wolfgang Hein

Die Mathematik
im Mittelalter
Von Abakus bis Zahlenspiel

2. Auflage

Die Deutsche Nationalbibliothek verzeichnet diese Publikation
in der Deutschen Nationalbibliografie;
detaillierte bibliografische Daten sind im Internet über
http://dnb.d-nb.de abrufbar.

2., überarbeitete Auflage 2012
© 2012 by WBG (Wissenschaftliche Buchgesellschaft), Darmstadt
1. Auflage 2010
Die Herausgabe dieses Werks wurde durch
die Vereinsmitglieder der WBG ermöglicht.
Gedruckt auf säurefreiem und alterungsbeständigem Papier
Printed in Germany

Besuchen Sie uns im Internet: www.wbg-wissenverbindet.de

ISBN 978-3-534-24397-6

Elektronisch sind folgende Ausgaben erhältlich:
eBook (pdf): 978-3-534-71955-6
eBook (epub): 978-3-534-71956-3

Vorwort

Die alten Hochkulturen des 2. und 3. Jahrtausends v. Chr. haben sich ein beachtliches Maß an mathematischen Kenntnissen erarbeitet. Die Triebfedern dieser Entwicklung waren vor allem die praktischen Erfordernisse in Wirtschaft und Technik. Im alten Griechenland wurde die Mathematik zu einer Wissenschaft im heutigen Sinne entwickelt. Die Neuzeit hat – so jedenfalls ihr Credo – unmittelbar daran angeknüpft und weitergearbeitet.

Dazwischen liegt mehr als ein Jahrtausend, das mathematikhistorisch bis heute durchweg als eine vernachlässigbare Größe angesehen wird. Dieser Auffassung zufolge handelt es sich um eine Epoche, die sich für mathematisch-naturwissenschaftliche Fragestellungen nur ganz am Rande interessiert und die wenigen Ansätze einer Ideologie untergeordnet hat, die mit wissenschaftlichen Methoden unvereinbar ist.

Dies ist aber nur die halbe Wahrheit. Wir werden das hier nicht näher begründen, da die folgenden Kapitel das im Einzelnen belegen wollen; wir beschränken uns auf einige allgemeine Hinweise.

Abgesehen davon, dass man keiner geschichtlichen Epoche, besonders aber nicht dem Mittelalter, gerecht werden kann, wenn man sie durch die Brille heutiger Begrifflichkeit betrachtet, muss man feststellen, dass es schon seit dem 2. Jahrhundert v. Chr. keine nennenswerte Weiterentwicklung der Mathematik der vorangehenden Jahrhunderte gegeben hat. Selbst in Alexandria, das sich im 3. Jahrhundert v. Chr. zum Zentrum der Wissenschaften entwickelt hatte, verflachte die Mathematik zusehends und reduzierte sich zunehmend auf Zusammenfassungen und Kommentare des antiken Erbes. Neupythagoreismus und Neuplatonismus erlebten eine Blüte, und die Mathematik interessierte nur insoweit, als sie zum Verständnis der philosophischen Werke, insbesondere derjenigen Platons, für erforderlich gehalten wurde. Die Römer, die noch einen ungehinderten Zugriff auf die klassischen Werke der griechischen Wissenschaft und Philosophie hatten und – nach anfänglichem Zögern – griechische Kultur auf verschiedenen Gebieten gepflegt haben, konnten sich nicht für die griechische Wissenschaft und insbesondere für die abstrakte Mathematik erwärmen. Immerhin haben sie spärliche Reste in Kompendien und berufskundlichen Handbüchern zusammengestellt, nicht selten unverstanden und daher anfällig für Fehler. Die großartigen technischen Leistungen wurden fast gänzlich ohne Mathematik ersonnen und ausgeführt.

Niemand, der mit der geschichtlichen Entwicklung einigermaßen vertraut ist, wird nun erwarten, dass in den ersten Jahrhunderten des Frühmittelalters auf dieser Basis eine eigenständige Produktion wissenschaftlicher Erkenntnisse hätte wachsen können. Der Untergang des Weströmischen Reiches, seiner Städte und Bildungseinrichtungen, kurz: die Barbarisierung durch die Völkerwanderungen, war kein geeigneter Humus für das Gedeihen wissenschaftlicher Studien. Dennoch hat es eine nicht geringe Anzahl von Versuchen gegeben, in die Rudimente des überlieferten Wissens einzudringen und zu neuen Einsichten zu gelangen.

Die Väter des frühen Christentums haben um die Frage gerungen, wie weit griechische Philosophie und Wissenschaft in die christliche Lehre integriert werden könnten oder auch müssten. Dabei haben sich schroff ablehnende Meinungen herausgebildet, die zum Ziel hatten, jedwede Annäherung „zwischen Athen und Jerusalem", zwischen heidnischer Wissenschaft und christlicher Heilslehre von vornherein zu verhindern. Das hat dem frühen Christentum den pauschalen Vorwurf eingebracht, die Überlieferung und Weiterentwicklung der antiken Wissenschaft unterbrochen oder zumindest nachhaltig behindert zu haben. Aber es gab auch Stellungnahmen, die die Pflege der antiken Philosophie und Wissenschaft und ihre Harmonisierung mit der christlichen Lehre für zwingend, ja geradezu heilsnotwendig erklärten. Obwohl die ablehnenden Stimmen nie ganz verstummen sollten, hat sich diese Einstellung am Ende der Spätantike doch im Wesentlichen durchgesetzt. In den Klöstern, die sich im Frühmittelalter zu den maßgeblichen Kulturträgern entwickelten, wurden die noch zugänglichen spärlichen Reste der aus der Spätantike überkommenen Quellen gesammelt, in Enzyklopädien zusammengestellt, abgeschrieben und so erhalten; mit Glossen und Kommentaren versehen wurden sie zur Grundlage des sprachlichen und mathematischen Unterrichts.

Dadurch wurde der Boden für den Ansturm auf die Bibliotheken der Muslime bereitet, der während der Rückeroberung der iberischen Halbinsel durch die christlichen Herrscher in Gang kam, und der schon nach einer vergleichsweise kurzen Phase der Rezeption beträchtliche Fortschritte sowohl in der Mathematik als auch in den Naturwissenschaften brachte.

Man kann daraus wohl schließen, dass die Mathematik ihre Faszination im Mittelalter nie – auch nicht in den vergleichsweise „dunklen" Jahrhunderten des Frühmittelalters – verloren hat; gerade in dieser schwierigen Phase der kulturellen Entwicklung Westeuropas hat die Mathematik wie in kaum einer anderen ihre Vitalität unter Beweis gestellt.

Das vorliegende Buch hat das Ziel, in Form einer zusammenfassenden Darstellung einer breiten historisch und mathematisch interessierten Leserschaft einen lebendigen Eindruck der mathematischen Aktivitäten dieser „Zwischenzeit" zu vermitteln. Dabei kann es selbstverständlich nicht um Vollständigkeit gehen, sondern nur um einen möglichst repräsentativen Überblick.

Die wichtigste inhaltliche Einschränkung ist die auf das *lateinische* Mittelalter. Kurze Zusammenfassungen des antike Erbes (Kapitel 1) und der Mathematik im islamischen Kulturkreis (Abschnitt 5.1) wurden allerdings als unverzichtbar für eine angemessene Einordnung der übrigen Teile angesehen. Dabei folgt der Text nicht genau dem zeitlichen Verlauf, was nur zu Wiederholungen gleicher oder ähnlicher Themenkreise, die im Mittelalter besonders zahlreich anzutreffen sind, führen würde; stattdessen ist das Buch vorrangig nach Themenbereichen geordnet und erst in zweiter Linie nach dem zeitlichen Verlauf. Hierbei hat der Autor in besonderem Maße von dem reichhaltigen Werk Menso Folkerts profitiert, an dem keine Geschichte der mittelalterlichen Mathematik vorbeigehen kann.

Das Buch ist also ein Beitrag zur Mathematikgeschichte, freilich in einem weit gefassten Sinne. Es will auch da, wo keine eigene mathematische Produktivität festzustellen ist, dem Einfluss der Mathematik (oder auch nur mathematischer Begriffe) auf das Denken (und Handeln) gelehrter Zeitgenossen nachspüren. Da im Mittelalter eine Ausdifferenzierung und Verselbstständigung der verschiedenen Wissenszweige nicht stattgefunden hat und auch nicht angestrebt wurde, wird Wert darauf gelegt, Zusammenhänge mathematischer Entwicklungen mit anderen kulturellen Bereichen herauszuarbeiten. Insofern möchte dieses Buch auch einen Beitrag zur Kulturgeschichte des Mittelalters über die Geschichte der Mathematik hinaus leisten.

Siegen, im November 2009
Wolfgang Hein

Inhaltsverzeichnis

1. Das antike Erbe

1.1 *Der Anfang aller Dinge –* Der pythagoreische Zahlbegriff

Der überwiegende Teil mathematischer Kenntnisse der Römer und des lateinischen Frühmittelalters beruhen auf pythagoreischem Gedankengut. Allerdings konnte dieses Erbe nicht in seiner ursprünglichen Form übernommen werden, da es im Laufe der Überlieferung vielfachen Anpassungen und Verformungen unterworfen war. Dies ist aufs Engste mit den gesellschaftlichen Wandlungen verknüpft, die sich aus der gewaltigen Ausdehnung des griechischen Einflussbereiches auf Grund der Eroberungen Alexanders des Großen (356–323 v. Chr.) ergeben haben. In diesem Prozess änderte sich das geistige Klima Griechenlands grundlegend. Die neuen gesellschaftlichen Rahmenbedingungen beeinflussten in hohem Maße die griechische Kultur insgesamt und damit auch die Einstellung zur mathematischen und naturwissenschaftlichen Forschung. Unter dem Einfluss orientalischer Sitten und Kultur wurde sein spezifisch griechischer Charakter verwischt. Die Frage nach der praktischen Lebensführung trat in den Vordergrund des philosophischen Denkens und drängte das theoretische Interesse in den Hintergrund.

Wissenschaftliches Zentrum wurde Alexandria. An dem dort um 300 v. Chr. gegründeten *Museion* etablierte sich ein professionalisierter Wissenschaftsbetrieb; hier studierten oder arbeiteten – zumindest zeitweilig – alle bedeutenden Wissenschaftlicher der folgenden Jahrhunderte. Die Arbeit passte sich der gesellschaftlichen Situation an. In einer großen Bibliothek wurde das Vermächtnis der klassischen Antike gesammelt und verwaltet, die großen Werke vergangener Jahrhunderte wurden aus Quellen unterschiedlichster Herkunft und Verlässlichkeit zusammengefasst, aufbereitet und leicht fasslich dargestellt. Dies entsprach den Erfordernissen der gebildeten Kreise, die sich in den Lehren der alten philosophischen und wissenschaftlichen Schulen orientieren wollten, um ihren Platz in einer zunehmend kosmopolitischen Gesellschaft zu finden; zu einem tiefer gehenden Studium um der Sache selbst willen konnten sie sich aber nicht bequemen.

Theon von Smyrna, ein Neuplatoniker des frühen 2. Jahrhunderts n. Chr., verfasste eine Schrift mit dem bezeichnenden Titel „Mathematik, die zum Verständnis von Platon nützlich ist". Theon verspricht seinen Lesern, dass derjenige, der die mathematischen Wissenschaften studiert, mit einem guten Schicksal und einem Überfluss an Weisheit und Glückseligkeit rechnen könne; denjenigen, die sich wundern, dass ihnen unpraktische Studien zugemutet werden, antwortet er, dass dadurch die Augen und die Seele gereinigt und ihnen ein tausendfaches Feuer verliehen werde, das die Schatten der anderen (praktischen) Wissenschaften vertreibe.

Theons Werk ist nur eines aus einer Reihe von Handbüchern über die pythagoreischen Wissenschaften, die, wie wir noch sehen werden, das Mathematikverständnis nicht nur der Spätantike, sondern des gesamten Mittelalters maßgeblich geprägt haben. Da deren Autoren aber durch mehr als ein halbes Jahrtausend von den Ursprüngen pythagoreischer Wissenschaft getrennt waren, war ihr Bild höchst unvollständig. Die Entwicklungen der Mathematik zu einer deduktiven Wissenschaft, die sich im 5. und 4. Jahrhundert v. Chr. in Teilen der pythagoreischen Gemeinschaft vollzogen hatte oder jedenfalls von dieser stark beeinflusst worden war, fand offensichtlich nicht ihr Interesse.

Mathematikhistorisch der einflussreichste unter den neupythagoreischen Schriftstellern ist Nikomachos von Gerasa (um 100 n. Chr.). Seine „Einführung in die Arithmetik" wurde schon zwei Generationen später von Apuleius von Madaura aus dem Griechischen ins Lateinische übertragen, die Übersetzung scheint aber schon früh verloren gegangen zu sein; dem Mittelalter wurde das Werk durch eine Übertragung des Anicius Manlius Severinus Boethius (um 500 n. Chr.) überliefert. Mit dem mathematischen Werk dieses in griechischer Philosophie hochgebildeten Römers aus senatorischem Adel werden wir uns in späteren Kapiteln ausführlich befassen.

Weiten Raum nimmt in der „Arithmetik" des Nikomachos die neupythagoreische Philosophie ein, soweit diese mit der Mathematik in Verbindung steht. Ausgangspunkt dieser Philosophie ist die Doktrin: Alles ist Zahl. Die Zahl ist die Substanz und der Stoff, aus denen die Dinge bestehen und die das harmonische Zusammenspiel aller irdischen und kosmischen Erscheinungen gewährleisten. Die Zahl ist der Urstoff der Welt und des Lebens. Durch die Zahlen und ihre Verhältnisse lebt das

Universum, und durch sie wird es in harmonischem Gleichklang gehalten. Erfahrbar und verständlich wird dies alles durch Versenkung in die Geheimnisse der Zahlen.

„Denn sie ist groß, allvollendend und allwirkend und Urgrund und Führer des göttlichen und himmlischen Lebens wie auch des menschlichen. […] Ohne diese ist alles grenzenlos und undeutlich und dunkel; denn die Natur der Zahl ist Erkenntnis spendend und führend und lehrend für jeden bei jedem Dinge, das ihm rätselhaft und unbekannt ist. […] Täuschung dringt unter keinen Umständen in die Zahl ein; denn Täuschung ist ihrer Natur feindlich und verhasst; die Wahrheit aber ist dem Geschlecht der Zahl eigen und angeboren",

so schwärmt Philolaos, Pythagoreer des 5. Jahrhunderts v. Chr. (zit. nach Capelle, S. 477f.). Im Mittelalter wird man kurz und bündig sagen, dass alle Dinge ihre Existenz verlieren, wenn man von ihnen die Zahl wegnimmt (vgl. 2.2).

Aus solcher Einsicht in die „Kraft der Zahl" haben die Anhänger der reinen Lehre des Pythagoras Vorstellungen entwickelt, die wir als „Zahlensymbolik" oder treffender noch als „Zahlenmystik" zu bezeichnen pflegen. Ausgangspunkt der Spekulationen ist die Quelle und der Ursprung der Zahl: die Einheit. Die Einheit, die selbst aber keine Zahl ist, repräsentiert die Vernunft, denn sie ist, ebenso wie diese, unveränderlich. Die Zweiheit ist die Meinung, da sie veränderlich und unbestimmt ist. Die Gerechtigkeit besteht in dem Gleich-mal-Gleichen oder der Quadratzahl, da sie Gleiches mit Gleichem vergilt. Daher ist entweder die Vier als erste Quadratzahl oder die Neun als erste ungerade Quadratzahl die Gerechtigkeit. Erklärt man die geraden Zahlen als weiblich, die ungeraden als männlich (eine Auffassung, die schon im Altertum verbreitet war), so findet man folgerichtig die Ehe unter die Macht der Zahl Fünf gestellt: Fünf ist ja Summe aus Zwei und Drei, der ersten weiblichen und der ersten männlichen Zahl.

Dies ist nur der Anfang eines komplizierten Regelwerks, das sehr wahrscheinlich aus altorientalischem Gedankengut von den Pythagoreern übernommen und weiter ausgebaut wurde. Solche Vorstellungen sind aber keineswegs auf die Pythagoreer beschränkt, man findet sie mit jeweils charakteristischen Ausprägungen in fast allen alten Kulturkreisen, und auch unserer heutigen Gesellschaft sind sie nicht fremd. Als Zahlenallegorese fand dieses Phänomen durch die Verfasser der biblischen Texte und ihrer Interpreten Eingang in das Christentum und damit in das Mittelalter (vgl. 1.5).

So schwer es uns heute auch fällt, diese Gedanken nachzuvollziehen, darf doch nicht übersehen werden, dass diese Begeisterung für „die Zahl an sich" und ihre Verwirklichung am Anfang der Mathematikgeschichte und der abendländischen Geistesgeschichte steht. Pythagoras und seine Schüler jedenfalls hat es veranlasst – und dies ist für die weitere Entwicklung von allergrößter Bedeutung – sich dem Studium der Gesetze der Zahlen zu widmen. Diese Untersuchungen stellen den Beginn abendländischer Arithmetik dar. Freilich waren sie anfangs von sehr schlichter Art.

Das älteste Stück pythagoreischer Arithmetik ist wohl die „Lehre vom Geraden und Ungeraden", die außer durch die spätantiken Handbücher auch durch die „Elemente" Euklids (Buch IX, §§ 21–34) überliefert ist. Beispiel eines solchen altpythagoreischen Satzes: Setzt man beliebig viele gerade Zahlen zusammen, so entsteht eine gerade Zahl. Beweis (nach Euklid): Beliebig viele gerade Zahlen seien zusammengesetzt. Jede der Zahlen hat, da sie gerade ist, einen Teil, der die Hälfte ist. Folglich hat auch die Summe einen Teil, der die Hälfte ist.

Aussagen dieser Art kann man sozusagen experimentell, etwa durch das Hinlegen von Steinchen, begründen. Solche *Psephoi*- oder „Steinchen"-Arithmetik kann wohl als Weiterentwicklung einer sehr alten, durch Quellen belegten Praxis des Zählens und Rechnens mit Hilfe von Strichlisten, Kerben, und eben auch mit Steinchen angesehen werden. Zu einer von geometrischen Vorstellungen geprägten zahlentheoretischen Methode wurde sie von den frühen Pythagoreern ausgebaut. Mit ihrer Hilfe wurden beachtliche Einsichten in Gesetzmäßigkeiten der Zahlenreihe gefunden. Als „Lehre von den figurierten Zahlen" wurde sie durch die Neupythagoreer an das Abendland weitergegeben. Meistens läuft es dabei, in heutiger Terminologie, auf die Summation arithmetischer Reihen hinaus. Ordnet man beispielsweise Steinchen in Dreiecksform an, etwa so, wie in der Abb. I, so erkennt man, dass die zweite Dreieckszahl aus der ersten – der Einheit – durch Hinzunahme von zwei, die dritte durch Hinzunahme von drei usw., die n-te durch Hinzunahme von n Einheiten (Steinchen) entsteht. Die n-te „Dreieckszahl" besteht demnach gemäß ihrer sukzessiven Konstruktion aus $1 + 2 + 3 + \ldots + n$ Einheiten.

Andererseits enthält die n-te Dreieckszahl (die „Katheten" enthalten je n Einheiten) $1/2 \, n \, (n + 1)$ Einheiten, was man sich am einfachsten dadurch klar machen kann, dass man zwei „Exemplare" der n-ten Dreieckszahl mit den Hypotenusen so aneinanderlegt, dass ein Rechteck entsteht, dessen Seiten aus n bzw. $n + 1$ Einheiten bestehen. Beide Resultate zusammen ergeben die Summenformel

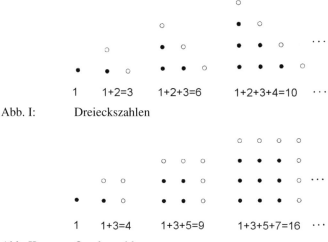

Abb. I: Dreieckszahlen

Abb. II: Quadratzahlen

$$1+2+3+...+n=\frac{1}{2}n(n+1).$$

Die für Dreieckszahlen vorgeführte Argumentation ist auch für die weiteren Polygonalzahlen typisch. Für die Quadratzahlen ergibt ein ähnlicher Schluss die Summenformel

$$1+3+5+...+(2n-1)=n^2.$$

Selbstverständlich wurden solche Überlegungen bei den Pythagoreern nicht in dieser Allgemeinheit angestellt (mit Buchstaben zu rechnen wie mit Zahlen ist ja eine Erfindung der Neuzeit), sondern beispielhaft mit verschiedenen Zahlen (für n). Die Psephoiarithmetik erweist sich so als ein Hilfsmittel zum Auffinden und Begründen von zahlentheoretischen Gesetzen, das – und darauf kommt es hier an – den Blick freigibt für allgemeine Gesetzmäßigkeiten. So gesehen sollte man diese Methode nicht als naiv oder unwissenschaftlich abtun.

Ausgehend von den bisher betrachteten „ebenen Zahlen" wurden „körperliche Zahlen" studiert, indem man aufeinander folgende m-Eckszahlen übereinander legte. Beispielsweise erhält man aus den ersten n Dreieckszahlen eine Pyramide, und durch Abzählen kann man, ähnlich wie oben, weitere Summenformel ableiten.

Obgleich die Zahlen in der Psephoiarithmetik durch Gegenstände repräsentiert werden, war es für die Pythagoreer doch selbstverständlich, dass den Zahlen ein von den gezählten Gegenständen unabhängiges

Sein zukommt. Andererseits könnte der Umgang mit figurierten Zahlen die Auffassung der Pythagoreer bewirkt (oder zumindest bestärkt) haben, Zahl sei eine Menge oder Vielheit von Einheiten. Er könnte auch erklären, warum die Einheit selbst nicht als Zahl angesehen wird, sondern lediglich als deren Erzeuger: Die Einheit ist zwar der Ursprung der Dreieckszahlen, selbst aber keine Dreieckszahl. Entsprechendes gilt für die anderen figurierten Zahlen. Hierin kommt das pythagoreische Zahlverständnis der Auffassung des Aristoteles nahe. Für diesen steht das Operieren mit Zahlen im Vordergrund und Zahlen entstehen durch fortgesetzte Addition der Einheit. Auch hier ergibt sich, dass die Einheit selbst keine Zahl ist, aber die Zahlen erzeugt (vgl. Martin, §§ 1, 3).

Die Auffassung der Zahl als Menge von Einheiten, die die „Eins" als Zahl ausschließt, ist (und bleibt) die unumstößliche Meinung des Mittelalters.

1.2 *Enkyklios Paideia* und *Artes Liberales* – Das hellenistisch-römische Bildungssystem

Obgleich am Anfang der pythagoreischen Mathematik das Studium der Zahlen steht, haben die Mathematiker unter den Pythagoreern schon früh damit begonnen, ihre Studien auf andere Gebiete auszudehnen. Am Beginn des 5. Jahrhunderts n. Chr. schreibt der griechische Neuplatoniker Proklos Diadochos, vorletzter Leiter der platonischen Akademie in Athen, in seinem Kommentar zum 1. Buch der „Elemente" Euklids:

„So schien es den Pythagoreern richtig, die gesamte mathematische Wissenschaft in vier Teile zu zerlegen. Der einen Hälfte weisen sie das ‚Wie viel' zu, der anderen Hälfte das ‚Wie groß', und jede dieser Hälften teilen sie wiederum in zwei. Das ‚Wie viel' [die Zahl] kann nämlich entweder für sich betrachtet werden oder [im Verhältnis] zu einer anderen [Zahl], und die Größe kann in Ruhe oder in Bewegung sein. Die arithmetische [Wissenschaft] betrachtet die Zahl für sich, die Musikwissenschaft ihr Verhältnis zu einer anderen Zahl, die Geometrie die Größe in Ruhe, die Sphärik [Astronomie] die Größe in Bewegung" (Proclus, 1. Vorrede, S. 188).

Diese von Proklos aufgezählten vier mathematischen oder pythagoreischen Wissenschaften Arithmetik, Musik (Harmonielehre, vgl. 4.2), Geometrie und Astronomie gehörten seit dem 4. Jahrhundert v. Chr. zum Grundbestand der *enkyklios paideia*, dem Kreis des Wissens, des

Wissenswerten und Wissensnotwendigen. Mit diesem Begriff wurde teils die Propädeutik für die höheren Studien in der Philosophie, teils die Allgemeinbildung schlechthin umschrieben. Inhaltlich unterlag der Kanon im Laufe der Jahrhunderte freilich starken Schwankungen. Neben den genannten vier Fächern nahmen bereits seit dem 4. Jahrhundert v. Chr. im Unterricht der Sophisten Rhetorik und Dialektik (Logik), später auch Grammatik, eine bedeutende Stellung ein, und in dieser Siebenzahl hielten die Fächer Einzug in das griechisch-hellenistische, und – im Zuge der Hellenisierung der römischen Kultur seit dem 2. Jahrhundert v. Chr. – auch in das römische Schulsystem. Für die Gelehrten des Frühmittelalters bildeten sie den Inbegriff der Wissenschaft schlechthin, einen Kanon, dem nichts hinzuzufügen war, der aber auch keine Einschränkung duldete.

Bei den Römern wurden diese sieben Wissenschaften die *septem artes liberales* genannt, die „sieben freien Künste". Wie die Bezeichnung schon andeutet, handelte es sich dabei keineswegs um einen Bildungskanon für alle Schichten der römischen Gesellschaft. So klärt Seneca (4 v. Chr.– 65 n. Chr.) uns darüber auf, dass diese Wissenschaften deshalb *liberal* genannt werden, weil sie allein „eines freien Mannes würdig sind". Ihnen gegenüber stehen die praktischen Kenntnisse und Fähigkeiten, die Cicero die *artes illiberales*, auch *artes sordidae*, (niedrige, unedle Künste) nennt, die der Fachbildung zugerechnet und gegen Bezahlung ausgeübt werden. Statt *ars* war auch das Wort *disciplina* verbreitet, beide Vokabeln im Sinne von Lehrgegenstand oder auch Wissenschaft.

Die drei sprachlichen Fächer wurden im Mittelalter unter der Bezeichnung *Trivium*, Dreiweg, zusammengefasst, die vier mathematischen unter dem Namen *Quadrivium*, Vierweg.

Die Übernahme griechischen Bildungsgutes in den römischen Kulturkreis ging anfangs keineswegs konfliktfrei vonstatten. Ein frühes Zeugnis dafür ist eine Schrift, die Cato der Ältere (234–149 v. Chr.) seinem Sohn gewidmet hat. Sie handelt in vier Büchern von Landwirtschaft, Medizin, Rhetorik und Kriegswesen. In diesen Disziplinen traditioneller römischer Kultur wollte Cato seinen Sohn erziehen; keinesfalls wollte er dessen Erziehung – und die Erziehung der römischen Jugend allgemein – griechischen Lehrern überlassen. Cato war entschieden dagegen, dass die traditionelle römische Kultur von griechischer Philosophie und Wissenschaft durchdrungen oder gar überlagert werde.

Auf die Dauer konnten es die konservativen Kräfte dennoch nicht verhindern, dass das griechische Bildungsgut zu einem integrierten

Bestandteil der römischen Kultur wurde. In der Mitte des 1. Jahrhunderts v. Chr. war dieser Inkulturationsprozess im Wesentlichen abgeschlossen. Von da an wurde die Überzeugung vom Sinn und von der Notwendigkeit einer Ausbildung in den freien Künsten bis zum Ende der Antike im Prinzip aufrecht erhalten und an das Mittelalter weitergegeben. Vitruv (ca. 55 v. Chr.–14 n. Chr.) singt in seinem berühmten Werk *De architectura libri decem* (vgl. 1.3) ein geradezu überschwängliches Loblied auf die griechischen Philosophen, denen man

„[…] nicht nur Palmen und Kränze verleihen müsste, sie müssten für würdig befunden werden, dass man ihnen einen Platz unter den Göttern anweise" (Vitruvius, S. 292).

Die Praxis sah allerdings anders aus. Das Interesse der Römer, die theoretischen – insbesondere die mathematischen – Wissenschaften um ihrer selbst willen zu studieren, war durchweg gering.

Das hatte verständlicherweise Konsequenzen für das Niveau des Schulunterrichtes. Zwar gab es etwa in der Mitte des 1. Jahrhunderts v. Chr. ein erstes Lehrbuch über die freien Künste in lateinischer Sprache, ob es aber tatsächlich für Unterrichtszwecke verwandt worden ist, ist zweifelhaft. Marcus Terentius Varro (116–27 v. Chr.), der auf Grund seiner zahlreichen Schriften lange Zeit als der gebildetste Römer galt, hat es unter dem Titel *De disciplinis libri IX* zusammengestellt. Die Zahl IX im Titel erklärt sich daraus, dass das Werk außer den sieben freien Künsten noch Medizin und Architektur beinhaltet. Seit dem Ende des Römischen Reiches ist dieses Werk verloren; über seinen Inhalt bestehen bei Historikern auch heute noch Zweifel. Von den vielen anderen Schriften Varros sind immerhin einige Fragmente erhalten geblieben. In ihnen finden sich auch geometrische Berechnungen, die zu den ältesten Stücken römischer Mathematik gehören dürften.

Über den Umfang und die Inhalte der schulischen Bildung in der griechischen und römischen Welt gibt es keine wirklich zuverlässigen, verallgemeinerungsfähigen Nachrichten. Henri Marrou zeichnet in seiner „Geschichte der Erziehung im klassischen Altertum" in etwa das folgende (nicht unumstrittene) Bild: Ein Elementarunterricht in den Grundfertigkeiten, die für die Angelegenheiten des täglichen Lebens einer bäuerlich geprägten Gesellschaft erforderlich sind – darunter Lesen, Schreiben und Rechnen –, gab es von alters her, noch bevor die Römer mit der griechischen Kultur in Berührung kamen. Er wurde vornehmlich durch Privatlehrer erteilt und war demzufolge den Kindern der höheren Gesellschaftsschichten vorbehalten. Auch in späterer Zeit war der Privatunterricht in diesen Kreisen beliebt, und er hielt sich bis zum Ende des Römischen Reiches. Einen öffentlichen Schulbetrieb hat es mindestens seit dem 3. Jahrhundert v. Chr. gegeben. In den folgenden Jahrhunderten wurde er sowohl hinsichtlich des Lehrstoffes als auch der Organisationsform ganz am hellenistischen Schulsystem ausgerichtet. Nach Absolvierung der Elementarausbildung gab es die Möglichkeit, zu einem *grammaticus* in die höhere Schule zu gehen. Diese Schulstufe hat ihre endgültige Form am Beginn der Kaiserzeit unter Augustus erreicht. Der Unterricht war hier ganz überwiegend literarisch geprägt: Grammatik, Stilübungen, Lesen und Erklären von Werken der Dichter; aber auch Geschichte und Geographie gehörten zum Lehrstoff.

Die letzte Phase der höheren Schulbildung war ganz und gar durch die Rhetorik geprägt. Hier erhielt der Student die Ausbildung in der Redekunst, im Recht und in dem, was er sonst noch für ein öffentliches Amt benötigte. Der gebildete Römer war der Rhetor.

Berühmte und einflussreiche Rhetoriklehrer haben dem Kanon der freien Künste eine allgemeine Bildungsfunktion zugemessen und sich dadurch verdient gemacht, dass in den römischen Schulen die mathematischen Fächer neben den sprachlichen einen, wenn auch bescheidenen, Platz fanden; über mehr als ein nur in Ansätzen verwirklichtes Ideal sind diese Bemühungen aber nie hinausgekommen.

In seinem vielgelesenen Werk „Über die Ausbildung des Redners" setzt sich der Rhetoriklehrer Quintilianus (um 35–95 n. Chr.) mit einem Argument, das auch heutigen Mathematiklehrern noch geläufig ist, dafür ein, dass

„[…] die Knaben, ehe sie zum Redelehrer gegeben werden, in den freien Künsten unterwiesen werden sollen, weil es den Geist in Bewegung setzt, den Scharfsinn entfaltet und dadurch zur schnelleren Auffassung führt, damit der Kreis des Wissens sich schließe, den die Griechen εγκυκλιωσ παιδεια [*enkyklios padeia*] nennen" (Quintilianus, S. 127).

Am Beispiel der Geometrie argumentiert er:

„Die Geometrie bildet zugestandenermaßen eine nützliche Aufgabe für das zarte Jugendalter: denn dass sie den Geist in Bewegung setzt, den Scharfsinn entfaltet und dadurch zur schnelleren Auffassung führt, gibt man zu, jedoch glaubt man, sie nütze nicht, wie die anderen Fächer, wenn man sie beherrscht, sondern nur, während sie erlernt wird. Aber nicht ohne Grund haben die bedeutendsten Männer dieser auch ihre volle Kraft gewidmet. Denn von den zwei Bereichen, in die die Geometrie sich gliedert, den Zahlen und den Figuren, ist ja die Kenntnis der Zahlen nicht nur für den Redner, sondern für jeden, der die Anfangsgründe der Bildung besitzt, notwendig" (Ebd., S. 141).

Dass hier die Zahlen als Teil der Geometrie genannt werden, hat seinen Grund darin, dass Geometrie, wie das Wort in der ursprünglichen Bedeutung als „Erdvermessung" schon sagt, mit Messen zu tun hat.

Als Rhetoriklehrer behandelt Quintilianus die freien Künste (das Werk bietet auch ein ausführliches Kapitel über Musik und einige Bemerkungen über Astronomie) verständlicherweise im Kontext der Ausbildung des Redners. Unabhängig davon misst er ihnen aber auch, wie die obigen Zitate belegen, eine allgemeinbildende Funktion zu und verweist sie in das Curriculum der höheren Schule.

Der berühmteste und einflussreichste Rhetoriklehrer war zweifellos Cicero (106–43 v. Chr.). Obgleich er seine Bildung zum großen Teil in Griechenland erhalten hatte, hatte er in den Quadriviumsfächern nur geringe Kenntnisse (was auch ein Schlaglicht auf den Stand des Unterrichts bei den Griechen seiner Zeit wirft). Seine Einstellung zu einer umfassenden Allgemeinbildung im Sinne der *artes liberales* war zwiespältig. Einerseits bezeugt er eine große Hochachtung vor den griechischen Wissenschaften und beklagt, dass seine römischen Landsleute nichts Vergleichbares zustande gebracht und auch gar nicht angestrebt hätten:

„Bei den Griechen hat die Geometrie in höchsten Ehren gestanden; deshalb ist nichts glänzender als ihre Mathematiker: bei uns ist diese Kunst beschränkt auf den Nutzen des Rechnens und Ausmessens" (Cicero 1991, S. 57).

Bei anderer Gelegenheit lässt er aber keinen Zweifel daran, dass das Quadrivium – zumindest für den Rhetor – ersetzbar ist und die literarischen Studien absolute Priorität haben:

„Mag der Redner auch den Stoff der anderen Künste und Wissenschaften nicht kennen und nur das verstehen, was zu den Rechtserörterungen und zur gerichtlichen Übung erforderlich ist, so wird er doch, wenn er über diese Gegenstände reden soll, sobald er sich bei denen Rat geholt hat, die das, was jeder Sache eigentümlich angehört, kennen, als Redner weit besser darüber reden als selbst jene, die diese Gegenstände berufsmäßig treiben" (Cicero 1873, I, XV. 64).

Für diejenigen, „die diese Gegenstände berufsmäßig treiben", wie Cicero sagt, gab es Handbücher, die der Ausbildung des Nachwuchses dienten. Diese Werke, von denen wir im nächsten Abschnitt einige genauer behandeln werden, haben sich als die wichtigsten Quellen für die römische Mathematikgeschichte erwiesen. In ihnen finden sich naturgemäß vornehmlich Anwendungsaufgaben, häufig ist aber auch ein beträchtlicher Teil der theoretischen Mathematik gewidmet. Man kann hieraus den Schluss ziehen, dass es den Römern nicht vollständig an Interesse für die theoretischen Zweige der Mathematik fehlte, solange nur ein Bezug zur Praxis angenommen werden konnte. Noch Cassiodor bemerkt im 6. Jahrhundert n. Chr. zum Unterricht im Quadrivium (vgl. 2.2), die Ankündigung eines Kollegs über Arithmetik habe einen leeren Hörsaal zur Folge, und ein Geometriekurs werde nur von Spezialisten besucht; dagegen seien angewandte Wissenschaften wie die Landvermessung sehr beliebt, weil sie praktisch sind und einen Bezug zum Leben haben (Ullmann, S. 266).

1.3 Theorie und Praxis – Berufskundliche Handbücher

Der Sinn der Römer in wissenschaftlichen Dingen war also zuallererst auf den Nutzen ausgerichtet. So können wir es als Glücksfall bezeichnen, dass die Römer nicht durch die Werke eines Euklid, Archimedes oder Apollonios mit der griechischen Mathematik konfrontiert wurden, sondern über die Handbücher aus hellenistischer Zeit.

„Handbücher waren die Brücke, über die die verschiedenen griechischen Disziplinen nach Rom gelangten" (Stahl 1978, S. 70).

Diese Werke entsprachen der pragmatischen Einstellung der Römer viel mehr als der abstrakt-spekulative Geist des klassischen Griechenland.

Unter den römischen Handbüchern sind es vor allem berufskundliche Werke, die auch mathematische Anteile enthalten. Wir haben gesehen, wie Quintilianus in seinem Rhetoriklehrbuch den Bogen vom Quadrivium zur Praxis des Redners schlägt. Ein weiteres Beispiel ist der Architekt Vitruv. In seinem vielgelesenen Werk über Architektur (s. o.) erläutert er, welche Rolle das Quadrivium für den Architekten spielt:

„Die Architektenbildung entspringt aus zwei Faktoren, aus der Praxis und aus der Theorie. [...] So muss er [der Architekt] talentvoll sein als gelehrig für die Wissenschaft; denn weder Talent ohne Wissenschaft, noch Wissenschaft ohne Talent kann einen vollendeten Künstler schaffen" (Vitruvius, S. 12).

Er beschreibt auch den Nutzen, den die mathematischen Wissenschaften für den Architekten haben:

„Durch die Arithmetik aber werden die Kosten der Gebäude berechnet, die Maßeinteilungen entwickelt und schwierige Fragen der Verhältnisse des Ebenmaßes nach geometrischen Gesetzen und Regeln gelöst. [...] Die Musik aber muss er verstehen, damit er die Kenntnis von den Gesetzen der Töne und ihren mathematischen Verhältnissen innehabe" (Ebd., S. 14ff.).

Auch die anderen Disziplinen, in denen er zwar nicht besonders hervorragend, doch auch nicht unerfahren gewesen zu sein scheint, werden nach ihrem Nutzen für den Architekten erläutert.

Von besonderer Bedeutung für die Mathematikgeschichte Roms sind die Schriften über Landvermessung. Trotz der schlechten Überlieferung geben die noch vorhandenen Quellen einen einigermaßen repräsentativen Eindruck von denjenigen Zweigen der Mathematik, die von den Römern am meisten gepflegt wurden. Diese Schriften gehören noch heute zu den wertvollsten Zeugnissen römischer Mathematik, und, obwohl man es der Form nach nicht ohne Weiteres vermuten würde, auch im Hinblick auf den römischen und mittelalterlichen Unterricht im Quadrivium.

Vermessungen wurden in allen Hochkulturen praktiziert. Die ältesten Zeugnisse weisen auf Anwendungen im religiös-kultischen Bereich hin, etwa beim Bau von Tempelanlagen, und dürften dementsprechend in der Hand der Priesterschaft gelegen haben. Cicero weiß zu berichten, dass Romulus die Stadt Rom nach den Regeln der Feldmesskunst gegründet hat, und in der Zeit der römischen Republik oblag die Absteckung der Tempelanlagen den Auguren. Betrachtet man die beeindruckende Größe und architektonische Komplexität von Sakralbauten wie etwa die gigantische Ringanlage in Stonehenge, die ägyptischen Pyramiden oder die großen Tempelbauten in Mesopotamien, so kann man sich deren Ausführung ohne präzise Vermessungen gar nicht vorstellen. Da es sich bei den Grundrissen solcher Anlagen um geometrische Figuren handelt, deren Strukturen nicht zufällig entstehen können, ist man geneigt, die Kenntnis grundlegender mathematischer Gesetzmäßigkeiten anzunehmen. An Versuchen, solche zu rekonstruieren hat es nicht gefehlt, doch bleiben die meisten wegen des Fehlens schriftlicher Quellen Spekulation. Herodot bezieht sich auf alte Überlieferungen, wenn er die Erfinder der Geometrie in der ägyptischen Priesterkaste lokalisiert und in Verbindung mit der Wiederherstellung der Grundstücksgrenzen nach den Nilüberschwemmungen bringt. (Die „Erfindung" der Arithmetik schreibt er dem Handelsvolk der Phönizier zu, woraus man wohl schließen kann, dass er unter Arithmetik die „Rechenkunst" der Kaufleute versteht.)

Die Quellenlage zu Vermessungsarbeiten und den instrumentellen und mathematischen Hilfsmitteln im griechisch-römischen Einflussbereich bessert sich ab dem 1. Jahrhundert v. Chr. Das hat wesentlich damit zu tun, dass sich aus den vielfältigen Aufgaben im Vermessungswesen allmählich ein eigener Berufsstand entwickelte, nämlich der der Agrimensoren (das lateinische Wort *agrimensura* hat ungefähr die gleiche Bedeutung wie das griechische *geometria*, nämlich Erd- oder Landvermessung).

Vermessungsaufgaben gab es im Römischen Reich bei der Landaufteilung, im Straßen- und Aquäduktbau, im Städtebau sowie im militärischen Bereich. Eine Herausforderung besonderen Ausmaßes war die große Reichsvermessung, die noch von Caesar veranlasst worden war und unter Augustus 37–20 v. Chr. durchgeführt wurde. Sie endete mit der Erstellung einer „Weltkarte", die in Rom aufgestellt wurde, leider aber verloren gegangen ist.

Von den uns erhaltenen, unter dem Sammelbegriff *corpus agrimensorum* zusammengefassten Schriften ist der sogenannte *Codex Arcerianus* der wichtigste und älteste Teil. Er wurde im 5. oder 6. Jahrhundert n. Chr. geschrieben bzw. zusammengestellt. Dabei dienten dem Kompilator Vorlagen aus dem 3. Jahrhundert n. Chr., deren einzelne Teile aber wohl aus dem 1. und 2. Jahrhundert stammen. Die Bezeichnung *Arcerianus* geht auf einen Besitzer im 16. Jahrhundert namens Johannes Arcerius zurück; heute befindet sich der Codex in der Herzog August Bibliothek Wolfenbüttel.

Der größte Teil dieses Codex behandelt juristische Fragen des Bodenrechts, Anweisungen, wie man bei Grenzstreitigkeiten, beim Anlegen von Flurkarten und Eigentümerverzeichnissen zu verfahren hat und Ähnliches. Darüber hinaus enthält der Codex aber auch einen bedeutenden mathematischen Teil. Natürlich ist die Mathematik in erster Linie auf die praktischen Bedürfnisse der Landvermessung ausgerichtet. Es finden sich dementsprechend Anleitungen für das Umrechnen von Längen- und Flächenmaßen, die jedem Feldmesser geläufig sein sollten, ferner Regeln für die Berechnung der Flächeninhalte von Dreiecken, Rechtecken, Trapezen und unregelmäßigen Vierecken. Im Gegensatz zu den klassischen Quellen griechischer Mathematik wird hier alles in Form von Zahlenbeispielen demonstriert; es muss aber hinzugefügt werden, dass dies meistens in einer Form geschieht, aus der ein begabter Leser die allgemeine Methode rekonstruieren kann. Die Autoren scheinen in den

meisten Fällen die allgemeinen Regeln oder Sätze zu kennen, halten es
im Hinblick auf ihre Leserschaft aber für geboten, sie nicht in der allgemeinen Form zu präsentieren, sondern an Beispielen zu demonstrieren.
    Als Quellen haben vor allem die Schriften des Heron von Alexandria
gedient. Heron hat in der zweiten Hälfte des 1. Jahrhunderts n. Chr. über
die Konstruktion von Maschinen geschrieben (realistischen und fantas-
tischen), über physikalische und astronomische Phänomene, über Ver-
messungsinstrumente und Mathematik (theoretische wie praktische). In
seiner *Metrika* kommt so ziemlich alles an praktischer Mathematik vor,
was sich in den Schriften der Agrimensoren findet. Herons Werk steht
allerdings auf einem deutlich höheren Niveau, durch die römischen
Kompilatoren hat es so manche Verstümmelung erfahren. Ein Beispiel
dafür ist eine Methode zur Berechnung des Flächeninhaltes eines (beliebigen unregelmäßigen) Vierecks, die in unserer Schreibweise der Formel

$$\frac{a+c}{2} \cdot \frac{b+d}{2}$$

entspricht, wobei a, c und b, d jeweils gegenüberliegende Seiten bezeichnen. Diese Regel findet sich schon bei den Ägyptern. Danach wäre
der Flächeninhalt des Vierecks allein durch seinen Umfang $a + b + c + d$
bestimmt. Für Rechtecke ist die Regel selbstverständlich richtig, für ein
Parallelogramm beispielsweise ist sie umso schlechter, je mehr es sich
vom Rechteck unterscheidet. Heron weiß dies sehr wohl und verweist
ausdrücklich auf Ausnahmen. Im Laufe der Zeit sind diese Hinweise
aber offenbar vergessen worden und nur die Regel hat überlebt; jedenfalls gilt das für die römischen Vermessungsschriften.
    Bei aller Kritik muss man den römischen Feldmessern wohl zugute-
halten, dass solche Regeln den Erfordernissen der Praxis angepasst und
leicht anzuwenden sind; sie liefern akzeptable Ergebnisse, wenn man
berücksichtigt, dass die Aufteilung von Land, soweit es die Örtlichkeit
zuließ, vorzugsweise so vorgenommen wurde, dass die Grundstücke in
etwa Rechtecksform hatten. Für solche Grundstücke konnte der Flächeninhalt nach vorstehender Formel aus Strecken ermittelt werden, die im
Allgemeinen unmittelbar gemessen werden konnten.
    Es ist bemerkenswert, dass ausgerechnet ein Rhetoriklehrer besser
Bescheid wusste. Quintilianus wendet sich in seinem Rhetoriklehrbuch,
das wir schon im letzten Abschnitt besprochen haben, mit einem etwas
spöttischen Unterton gegen die Meinung, der Flächeninhalt einer Figur
sei allein durch den Umfang bestimmt:

„Wer würde nicht dem folgenden Satz Glauben schenken: Haben die die Flächen umgrenzenden Linien gleiche Länge, so ist die Größe der Flächen, die die Linien einschließen, gleich. Und doch ist er falsch, denn es kommt sehr darauf an, welche Form die Begrenzungslinien umschließen, und die Historiker, die glaubten, die Größe von Inseln sei hinreichend durch die Länge der Umfahrt bestimmt, haben sich den Tadel der Geometer zugezogen. Denn je vollkommener eine Form ist, desto mehr fasst sie. Deshalb wird die Umgrenzungslinie, wenn sie einen Kreis bildet, die Form, die in der Ebene die Vollkommenste ist, eine größere Fläche umschließen, als wenn sie ein gleichseitiges Viereck bildet, das Viereck wieder eine größere als das Dreieck, unter den Dreiecken das Gleichseitige eine größere als das Ungleichseitige. Doch da mag manches etwas dunkel bleiben.“

Und für alle, denen diese Argumentation zu „dunkel“ ist, weist er das an einem Zahlenbeispiel nach,

„[…] das auch den Unerfahrenen ganz leicht verständlich ist“ (Quintilianus, S. 143).

Ein weiteres bemerkenswertes Beispiel ist die Aufnahme der Polygonalzahlen in den *corpus agrimensorum*. Wie wir in 1.1 gesehen haben, hatten diese seit den Zeiten der frühen Pythagoreer einen festen Platz im Quadrivium und haben im Rahmen der *Psephoiarithmetik* Anlass zu einer Reihe von zahlentheoretischen Erkenntnissen Anlass gegeben; mit Landvermessung hatten sie aber nicht das Geringste zu tun. Dass sie dennoch Aufnahme in den *Corpus agrimensorum* gefunden haben, beruht offenbar auf einem Missverständnis. Die n-te m-Eckszahl

$$\frac{1}{2}n\big((m-2)n-m+4\big)$$

wurde nämlich fälschlicherweise als Flächeninhalt des regulären m-Ecks mit Seitenlänge n verstanden. Ursache für diese Fehlinterpretation, die noch im Mittelalter ein zähes Nachleben führte, wird wohl die durch die Bezeichnung „figurierte Zahlen“ suggerierte Vermischung von Arithmetik und Geometrie sein. Auch Gerbert hatte um 1000 n. Chr. Mühe, einem Briefpartner den Unterschied zwischen der Dreieckszahl $1/2 \, n \, (n+1)$ und dem Flächeninhalt eines gleichseitigen Dreiecks mit der Seitenlänge n klarzumachen (vgl. 2.5).

Bessere Regeln finden wir in einem Werk aus dem 1. Jahrhundert n. Chr., von dem man es eher nicht erwarten würde: Columella, der in der Gegend von Rom Landgüter besaß, verfasste ein Handbuch „Über

Landwirtschaft", das er einem Freund namens Silvanus widmete. Die Notwendigkeit, über die mathematischen Hilfsmittel der Landvermessung zu schreiben, sieht er offenbar nicht oder hält sich jedenfalls nicht für kompetent genug, dieses zu tun.

„Aber weil du, Silvanus, die freundschaftliche Bitte um Vorschriften für das Vermessen an mich richtest, will ich deinem Wunsch entsprechen mit der Bedingung, dass du dir bewusst bleibst, dass diese Aufgabe mehr einem Geometer als einem Landwirt zukommt, und Nachsicht übst, wenn mir auf diesem Gebiet, dessen Kenntnis ich nicht für mich in Anspruch nehme, ein Irrtum unterläuft" (Columella, S. 509).

Diese Offenheit wäre wohl auch manch anderem angemessen gewesen.

In der Folge gibt Columella zunächst die Regeln für das Umrechnen der Maßeinheiten, gefolgt von Flächenberechnungen, die den Landwirt betreffen, an. Viel ist dazu nicht nötig, denn

„[…] jedes Feld ist entweder quadratisch oder langgestreckt oder trapezförmig oder dreieckig oder rund, zuweilen hat es auch die Form eines Halbkreises oder eines Kreissegments oder auch die eines Polygons" (Ebd., S. 519f.).

Die Flächen von Quadrat, Rechteck, rechtwinkligem Dreieck und rechtwinkligem Trapez werden richtig berechnet; stets wird eine allgemeine Regel und ein Zahlenbeispiel gegeben. Das gleichseitige Dreieck wird mit dem sehr guten Näherungswert 1,73 für $\sqrt{3}$, der Kreis mit dem Archimedischen Wert 22/7 für π berechnet. Für das Kreissegment wird die auch von Heron genannte Näherungsformel

$$F \;=\; 1/2\,h\,(s\,+\,h)\,+\,1/14\,(s/2)^2$$

angegeben. Von den Polygonen wird nur das regelmäßige Sechseck behandelt, bei dem benutzt wird, dass es aus sechs gleichseitigen Dreiecken besteht.

Bei Columella erkennt man deutlich, dass sich die Mathematik bereits von den Anforderungen der Praxis entfernt. Gleichschenklige Dreiecke oder gar Kreissegmente gehören kaum in die alltägliche Praxis eines Feldmessers oder gar eines Landwirts, sie sind aber seit alters her Grundbestandteil der ebenen Geometrie und damit des Kanons der *artes liberales*. Es ist daher verständlich, dass der *corpus agrimensorum*, oder jedenfalls einige Schriften aus dieser Sammlung, bis weit in das Mittelalter hinein als Leitfäden für den Unterricht im Quadrivium mit verwandt wurden.

Noch deutlicher wird das in dem bereits mehrfach zitierten Handbuch Vitruvs über Architektur. Neben Erörterungen über die rechten Proportionen des menschlichen Körpers, von Tempeln und anderen Gebäuden findet sich ein Abriss der Harmonielehre nach Aristoxenes (vgl. 4.2) sowie ein ausführliches Kapitel über Astronomie. Vitruv erläutert die Inkommensurabilität von Seite und Diagonale des Quadrats im Zusammenhang mit der Konstruktion der Quadratverdopplung, wie sie sich in Platons Dialog *Menon* findet und die man, wie Vitruv bemerkt,

„[…] durch eine fehlerfreie Verzeichnung ermittelt [d. h. durch geometrische Konstruktion], weil man eine Art von Zahl dafür nötig hat, die sich durch Multiplikation [auf arithmetischem Wege] nicht finden lässt" (Vitruvius, S. 292).

Bemerkenswert hieran ist: Obgleich Vitruv von einem Quadrat mit der Seitenlänge 10 Fuß ausgeht und demzufolge die Seite eines Quadrats von 200 (Quadrat-) Fuß konstruieren will, ist die Konstruktionsbeschreibung vollkommen allgemein und theoretisch – man braucht nur von den gewählten Zahlen zu abstrahieren. Der Architekt Vitruv denkt offenbar lieber an ein „konkretes", als an ein im Sinne Platons „ideales" Quadrat.

Vitruv kennt auch das pythagoreische (rechtwinklige) Dreieck mit den Seiten 3, 4, 5 (Fuß). Er betont, dass sich durch diese Entdeckung des Pythagoras ein wissenschaftliches Hilfsmittel zur Konstruktion eines rechten Winkels ergebe, das den sonst üblichen technischen Hilfsmitteln der Handwerker weit überlegen sei. Der pythagoreische Lehrsatz erhält hier sein Interesse aus der Anwendbarkeit, die Vitruv auch sogleich am Bau einer Treppe exemplifiziert.

Schließlich wird man eine Aufgabe, bei der gefordert wird, aus der Fläche und der Hypotenuse eines rechtwinkligen Dreiecks die Katheten zu bestimmen, eher zur theoretischen als zur praktischen Geometrie gehörig bezeichnen müssen. Nicht anders ist es mit dem Satz, dass der Durchmesser des Inkreises eines rechtwinkligen Dreiecks gleich der Differenz der Kathetensumme und der Hypotenuse ist.

An den besprochenen Schriften lässt sich unschwer erkennen, dass die römischen berufskundlichen Handbücher eine reiche Quelle für den mittelalterlichen Unterricht in Mathematik boten. Dafür spricht auch, dass diese Werke in den Klöstern eifrig abgeschrieben und sorgfältig aufbewahrt wurden.

Zum Schluss dieses Abschnittes wollen wir noch auf ein Werk hinweisen, das zwar kaum der Mathematikgeschichte zuzuordnen ist, das aber auf besonders eindrucksvolle Weise demonstriert, von welcher Art das Interesse der Römer an der Naturwissenschaft war und welche Kenntnisse man aus der Antike gerettet hatte. Es handelt sich um die Enzyklopädie *Historia naturalis* von Plinius dem Älteren (32–79 n. Chr.). In 37 Büchern, deren Stoff er nach eigenen Angaben aus über 2000 Quellen in unermüdlicher Sammelleidenschaft zusammengetragen hat, berichtet Plinius über Steine und Pflanzen, Tiere und Menschen (wirkliche und Fabelwesen), Himmel und Erde, Sterne und Meer, über die Herstellung von Glas und vom Sauerwerden des Weines, über seltsame Naturphänomene wie Regen aus Blut und Honig – eine Mischung aus ernstzunehmenden Fakten und unkritisch übernommen Fantasieprodukten. Am interessantesten vom mathematisch-astronomischen Standpunkt aus ist das zweite Buch, in dem (neben Abschnitten „über die Gottheit", über „Wunder der Erde", Meteorologie u. a.) die Kosmologie auf platonischer Grundlage dargestellt wird. Hier findet sich auch etwas über Zahlen und Zahlenverhältnisse. Wir haben hier den für die hellenistisch-römische Handbuchtradition so typischen Synkretismus, der alles sammelt, ordnet und – oft genug unverstanden und daher anfällig für Fehler – gebrauchsfertig aufarbeitet, was erreichbar ist. Aus diesem Werk haben viele Gelehrte des Mittelalters ihre Kenntnisse über die Natur bezogen.

1.4 *Das Gold der Heiden* – Die frühe Kirche und die heidnische Wissenschaft

Vom Ende des 2. Jahrhunderts an geriet das Weströmische Reich durch den Ansturm der „Barbaren" in eine Krise, und unter den zunehmenden Stürmen der Völkerwanderung des 4. und 5. Jahrhunderts schließlich zu seinem Ende. Der Verfall der antiken Kultur und insbesondere des antiken Bildungs- und Schulwesens, der dem Niedergang des Reiches und seiner Städte folgte, war nicht mehr aufzuhalten. Spärliche Reste römischer Gelehrsamkeit und griechischer Wissenschaft, soweit diese durch die Römer überliefert worden war, konnten immerhin durch die Ausbreitung des Christentums bewahrt und an das Mittelalter weiter gegeben werden.

Die christliche Botschaft, die sich zunächst vorwiegend an einfache Volksschichten richtete, fand schon früh Verbreitung auch unter den Gebildeten, also unter Menschen, die in den damals verbreiteten philosophischen und wissenschaftlichen Richtungen aufgewachsen und ausgebildet waren. Unter ihnen musste es zu einer Klärung der Fragen kommen, in welchem Verhältnis antikes Denken und christliche Lehre zueinander stehen, wie die christlichen Glaubensaussagen der biblischen Texte in den Begriffen heidnischer Philosophie zu formulieren seien, welchen Sinn und welche Berechtigung antike Philosophie und Wissenschaft im Christentum haben kann und gegebenenfalls haben muss.

Das ging in der frühen Kirche freilich nicht ohne Konflikte im Spannungsverhältnis zwischen Glaube und Wissen vonstatten.

„Je mehr aber die Christen selber das Wesen ihres Glaubens dogmatisch zu klären suchten", so der Kirchenhistoriker Angenendt, „desto stärker verstrickten sie sich in eigene Glaubenskämpfe: Polemik, ungezügelte Aggressionen, parteilicher Gruppenegoismus, Verweigerung der Gemeinschaft, Ächtung des Gegners – das alles bestimmte allzu oft das Kirchenleben" (Angenendt, S. 61).

Neben schroffer Ablehnung finden sich Bemühungen um eine vermittelnde Position ebenso wie Bestrebungen, die antike Philosophie und Wissenschaft für die Theologie fruchtbar zu machen und sie gar zu integrieren.

Als einer der schärfsten Gegner der alten Philosophie gilt Tertullian (gest. nach 220).

„Wissbegierde ist uns nicht mehr vonnöten nach Jesus Christus, noch Forschung nach dem Evangelium" (zit. nach Dijksterhuis, S. 102).

Für ihn war die Kluft zwischen Athen und Jerusalem, der Akademie und der Kirche, zwischen Heiden und Christen, unüberbrückbar. Sein erklärtes Ziel war es, die christliche Botschaft von jeglicher Form heidnischer Philosophie und Wissenschaft freizuhalten.

Auf Grund solcher Einwände hat man der Kirche bis in die heutige Zeit hinein vorgeworfen, sie habe in den ersten Jahrhunderten ihres Bestehens die antiken Errungenschaften unterdrückt und jede Form von wissenschaftlicher Forschung – wenn auch nur indirekt – unterbunden und so dem Mittelalter eine wissenschaftsfeindliche Einstellung übermittelt.

Eine vermittelnde Position nahm der christliche Denker und Märtyrer Justinus (gest. 165) ein. Auch er war mit den alten Philosophenschulen, in denen er sich bestens auskannte, unzufrieden. Seiner Meinung nach wisse der Stoiker nichts von Gott, seien die Peripatetiker zu geldgierig, die Platoniker zu kühn in ihren Behauptungen und die Pythagoreer zu theoretisch; dennoch müsse, von der Basis dieser Lehren aus – wie es schon der Apostel Paulus in seiner Rede auf dem Areopag in Athen

getan habe (NT, Apg 17, 16–34) – das Christentum verkündet oder
verteidigt werden (vgl. Hirschberger, S. 326f.).

Diesem Standpunkt haben sich nach und nach alle frühchristlichen
Apologeten angeschlossen. Basilius (gest. 379), griechischer Kirchen-
lehrer und Kenner der alten Philosophie und Wissenschaft, empfahl, die
Natur als Kunstwerk des Schöpfers aufmerksam zu studieren. In diesem
Sinne hat er eine Schrift verfasst mit dem Titel „An die Jünglinge, wie
sie aus der heidnischen Philosophie Nutzen ziehen sollen".

Besonders förderlich für die Rezeption der alten Philosophie war das
geistige Klima in Alexandria. Der hellenistische kosmopolitische Geist
dieser Stadt wirkte auch in der hier ansässigen Katechetenschule. Zwei
ihrer bedeutendsten Vertreter waren Clemens von Alexandria (gest. 215)
und Origines (gest. 254). Von letzterem stammt der vielzitierte Vergleich:
Wie die Kinder Israels bei ihrem Auszug aus Ägypten die goldenen
und silbernen Geräte des Landes mit sich führten, so solle auch der
Glaube die weltliche Wissenschaft und Philosophie in seinen Besitz
nehmen.

Für Clemens kam der Philosophie und den Wissenschaften sogar eine
heilsgeschichtliche Bedeutung zu. Die Philosophen seien wie die Propheten gottgewollt und führten auf Christus hin. Die Frage, ob die Wissenschaft mit dem Christentum nicht doch überflüssig geworden sei,
beantwortete er mit dem Hinweis auf ihre zum Christentum führende
Funktion, und zwar sowohl denjenigen gegenüber, die durch Vernunft-
beweise zum Glauben kommen, als auch für die, die schon Christen
seien; denn erst durch die Philosophie werde der Christ instand gesetzt,
seinen Glauben zu verantworten; nur wenn zur Weisheit des Glaubens
die vernunftgemäße Einsicht und eine gründliche wissenschaftliche
Bildung hinzukämen, sei der Christ gerüstet, gegen die Sophisten seinen
Glauben zu verteidigen.

Für diese frühen christlichen Philosophen wurde die Wissenschaft zu
einem Faktor, der mit dem Glauben zusammenarbeitet. Der Glaube wird
zu einem Licht, das die Vernunft zu weiterer Einsicht führt: *Credo ut
intelligam*, wie man später sagen wird, der Glaube als Voraussetzung
und Motivation zu tieferer vernunftgemäßer Erkenntnis.

Der wichtigste Kirchenlehrer – gerade auch unter der hier interessie-
renden Frage der Rezeption der antiken Wissenschaft durch das frühe
Christentum – war zweifellos Augustinus (354–430). Er war römischer
Rhetoriklehrer, trat, nachdem er sich verschiedenen philosophischen
Richtungen zugewandt hatte, zum Christentum über und wurde Bischof

von Hippo Regius (heute Annaba an der Küste Algeriens zwischen Algier und Tunis). In seiner Ausbildung zum Rhetoriklehrer lernte er den Kanon der freien Künste kennen – jedenfalls auf dem Niveau, wie man ihn in den Rhetorikschulen des Westens vorfand. Demzufolge mussten, wie wir gesehen haben, seine Kenntnisse der antiken Philosophie und Wissenschaften, insbesondere der Mathematik, gering gewesen sein; um so größer war seine Wertschätzung dieser Disziplinen (deren Bedeutung er in späteren Lebensjahren allerdings relativierte). Sein Wissenschaftsverständnis und die grundlegende Rolle, die darin die freien Künste spielen, legte Augustinus u. a. in seiner Frühschrift „Über die Ordnung" dar, die er kurz vor seiner Taufe 387 durch den Bischof Ambrosius von Mailand verfasst hat.

Gegen Einwände verteidigte er den heidnischen Bildungskanon der freien Künste. Er nahm den o. g. Ausspruch von Origines über das „Gold der Heiden" auf und wies darauf hin, dass sich in den heidnischen Wissenschaften nicht nur unnützer Ballast, sondern auch die zum Dienst an der Wahrheit geeigneten freien Künste finden. Deshalb solle man sie zum eigenen Nutzen in Anspruch nehmen, damit sie die Glaubenssätze erhellen und durch den gestärkten Glauben die Vernunft ihrerseits zu tieferer Erkenntnis vordringen könne.

Augustinus mahnte sogar, christliche Fachleute mögen den antiken Bildungsstoff in diesem Sinne bearbeiten. Er selbst begann noch vor seiner Taufe, ein Lehrbuch über die sieben freien Künste zu schreiben, ist aber über die Musik nicht hinausgekommen, und auch hiervon konnte er nur einen ersten Teil über Rhythmustheorie vollenden; zur Ausführung eines angekündigten zweiten Teils über Harmonielehre ist es nicht mehr gekommen.

In seinem Werk „Über die christliche Lehre", das er in Etappen zwischen 392 und 426 verfasste, legte Augustinus sein, antike Wissenschaft und christliche Lehre verbindendes Bildungsideal dar. Inhaltlich findet man hier wenig über die freien Künste, es handelt sich mehr um ein Curriculum, einen Lehrplan für die Ausbildung der Kleriker in den Bischofsschulen; die freien Künste werden in erster Linie als Propädeutikum zum Studium der Bibel betrachtet.

Als Bischof von Hippo gründete Augustinus selbst eine Schule, an der er seine Bildungsideen in die Tat umsetzte. Aus dieser Schule ging eine beträchtliche Anzahl von Geistlichen hervor, darunter mindestens zehn Bischöfe. So erfolgten weitere Gründungen im Sinne Augustinus', die sich zu Vorbildern der mittelalterlichen Domschulen entwickelten und das antike Erbe der freien Künste als formal-propädeutische Bildung der Kleriker tradierten.

Die vermittelnde Funktion Augustinus' zwischen antikem Bildungsgut und christlicher Lehre war vor allem deshalb so wichtig, weil durch seine Autorität, die für das ganze christlichen Mittelalter gar nicht hoch genug eingeschätzt werden kann, den mathematischen Fächern des Quadriviums zu einer gewissen kirchlich-gesellschaftlichen Akzeptanz verholfen wurde.

1.5 *Maß, Zahl und Gewicht* – Die Ordnung der Schöpfung

Die pythagoreische Ordnung der irdischen und kosmischen Welt ist, wie wir gesehen haben, durch die Zahl als ihr konstitutives Element geprägt. Das Mittelalter hat dieses Prinzip schon früh aufgegriffen. So lesen wir bei Cassiodor im 6. Jahrhundert n. Chr. (vgl. 2.2), schon Pythagoras habe die Arithmetik als göttliche Wissenschaft gepriesen, da ohne sie nichts existieren könne.

„Ich glaube, dass dieses Urteil berechtigt ist, und ich leite meinen Glauben – wie viele andere Philosophen auch – von dem Prophetenwort ab, nachdem Gott alles nach Maß, Zahl und Gewicht geordnet hat" (Cassiodor, S. 180).

Cassiodor führt also nicht die griechische Philosophie als Zeuge an, sondern das Alte Testament; dort findet sich nämlich das genannte „Prophetenwort" im Buch der Weisheit, Kap. 11, Vers 21, wo es heißt: „Denn alles hast du nach Maß, Zahl und Gewicht geordnet". Schon lange vor Cassiodor wurde von den Kirchenvätern diese Stelle aus dem Weisheitsbuch als Beleg dafür gewertet, dass der Welt eine durch Zahl und Proportion bestimmte Ordnung zugrunde liegt, die den Menschen zu vernunftgemäßer Einsicht in den Bauplan der Schöpfung befähigt und ihm dadurch die Möglichkeit eröffnet, ein Abbild des göttlichen Bauplanes zu realisieren; die gotische Kathedrale als Spiegelbild der himmlischen Ordnung ist hierfür ein imposantes Beispiel.

Eine andere im Mittelalter verbreitete Folgerung aus diesem Ordoprinzip ist, dass es die Möglichkeit eröffnet, sichere Erkenntnisse zu gewinnen. Die Gesetze der Zahlen sind ein Beleg dafür, dass es absolute Wahrheiten gibt, Wahrheiten, die unabhängig davon gelten, ob sie erkannt werden oder nicht. Dazu gehören die mathematischen Aussagen.

„Denn dass drei mal drei neun ist" – so Augustinus in seinem Dialog „Gegen die Akademiker" – „und ein Quadrat aus intelligiblen Zahlen, bleibt notwendigerweise wahr, auch wenn die ganze Menschheit schnarcht" (Augustinus 1972, S. 122).

Die strengen und unveränderlichen Gesetze der Mathematik bilden Grundlage, Hilfsmittel und Modell zur Erlangung sicherer Einsichten mit den Mitteln der Vernunft. Im Dialog „Über die Ordnung" formuliert Augustinus seine Überzeugung, die für das gesamte Mittelalter unumstößlich feststehen wird,

„[...] dass in der Vernunft das Beste und Mächtigste die Zahlen sind"; mehr noch: „dass Vernunft und Zahlen dasselbe sind" (Ebd., S. 326f.).

Insofern sind mathematische Studien eine notwendige Vorbereitung zur Erlangung einer vernunftgemäßen Erkenntnis der Welt. Aber erst dadurch, dass sie den Weg ebnen zur Erkenntnis sowohl des Daseins als auch des Wesens Gottes, erhalten sie ihren endgültigen Platz in der mittelalterlichen Hierarchie des Wissens. Erreichen lässt sich dieses Ziel allerdings nur, wenn sich die Wissenschaft mit dem Glauben verbindet – *credo ut intelligam – intellego ut credam* – nur aus dem Zusammenwirken von Vernunft und Glaube erwächst wahre Erkenntnis.

Auch für die Ordnung einer sittlichen Lebensführung bleibt dies nicht ohne Konsequenzen. Die von Vitruv überlieferten „rechten" Proportionen des menschlichen Körpers hat Leonardo da Vinci ins Bild gesetzt als *homo quadratus*, als den nach allen Seiten rechtschaffenen Menschen. Hier begegnen sich ästhetische und ethische Komponenten des mittelalterlichen Ordoprinzips.

Augustinus hat dem Mittelalter aufs Deutlichste den direkten Zusammenhang zwischen Sittlichkeit und der „Macht der Zahlen" klargemacht:

„Schritt für Schritt führt sich nämlich die Seele zum Sittlichen und zum besten Leben empor, und zwar nicht durch den Glauben allein, sondern mit Hilfe der sicheren Vernunft. Hat sie mit aller Sorgfalt den Wert und die Macht der Zahlen begriffen, so wird sie es ganz würdelos und tief beklagenswert finden, [...] sich unter der Herrschaft der Begierde mit dem schimpflichsten Lärm der Laster zu einem Missklang zu vereinen" (Augustinus 1972, Über die Ordnung, S. 330; vgl. auch Lorenz S. 224).

Aus all dem wird deutlich, dass nicht die strenge Mathematik vergangener Zeiten Grundlage all dieser Spekulationen ist. Grundlage ist die „philosophische" Mathematik in ihrer neuplatonischen und neupythagoreischen Ausprägung. Die Zahlen besitzen ein selbstständiges Sein, das den Sinnen unzugänglich ist, aber durch die Vernunft – und nur durch sie – erfasst werden kann. Die Zahlen werden gleichsam zu einem Spiegelbild der Vernunft, und daraus erhalten sie ihre ordnende Kraft.

Im Gegensatz zu den Mathematikern in der pythagoreischen Gemeinschaft, bei denen die fundamentale Bedeutung von Zahl und Proportion den Anstoß für wissenschaftliche Studien auf dem Gebiet der Arithmetik gegeben hat, haben die mittelalterlichen Gelehrten aus der vergleichbar exponierten Stellung der Arithmetik keine mathematischen Schlussfolgerungen gezogen. Stattdessen ist das Mittelalter den gleichen Weg gegangen, den auch die Anhänger der reinen Lehre des Pythagoras beschritten haben, nämlich die symbolhafte Ausdeutung der Zahl. Obwohl dies der immer wieder betonten Vernunft scheinbar zuwider läuft, sah der mittelalterliche Mensch darin keinerlei Widerspruch.

1.6 Das symbolische Universum –
Die Zahl als Metapher

Der Mensch des Mittelalters lebte, wie Jacques Le Goff gesagt hat, „in einem Wald von Symbolen", in einem Universum, das voll war von Bedeutungen, Hinweisen und Doppelsinnigkeiten. Vor allem steht er „im Banne der Zahl." Nicht als Objekt der Mathematik, sondern als fundamentale Realität sind Zahl und Proportion im Bewusstsein des mittelalterlichen Menschen tief verwurzelt. Von den frühen Pythagoreern über die Neupythagoreer wird die Auffassung von der göttlichen Natur der Zahl an das frühe Mittelalter weitergegeben. In numerischen Beziehungen, sei es in der Natur, in Kunstwerken oder in schriftlichen Zeugnissen, die sich dem Zugriff durch reine Verstandestätigkeit entziehen, findet der Betrachter eine übernatürliche Wirklichkeit, die zu entschlüsseln er sich mit Leidenschaft hingibt. „Der mittelalterliche Mensch ist ein ewiger Entzifferer." Aus der Überzeugung, dass Gott alles „nach Maß, Zahl und Gewicht" geordnet hat und in Ermangelung anderer Möglichkeiten, wird das Unsichtbare, das Abstrakte, mit Hilfe des Symbols in den Bereich des Konkreten gerückt, wo es verstanden werden kann. Ein Symbol ist das Zusammentragen sichtbarer Formen, um das Unsichtbare zu zeigen.

Eine besondere Herausforderung für den solchermaßen von Jacques Le Goff und Umberto Eco charakterisierten mittelalterlichen Menschen

(Le Goff 1996, S. 40; Eco, S. 104) ist naturgemäß das häufige Auftreten von Zahlen in der Bibel, dem Fundament seines Lebens- und Wertegefüges. Für den mittelalterlichen Exegeten ist dies ein deutlicher Hinweis darauf, dass zum tieferen Verständnis der Texte fundierte Kenntnisse über die Gesetze der Zahlen unumgänglich sind. Mehr noch: Erst durch ihre Verankerung in der Schrift erhalten die Gesetze der Zahlen ihren eigentlichen Sinn.

Die Richtung hat auch hier Augustinus, *die* Autorität in hermeneutischen Fragen für das Mittelalter, angegeben.

„Auch die Unkenntnis der Zahlen ist schuld, dass gar manche übertragene und geheimnisvolle Ausdrücke in der Heiligen Schrift nicht verstanden werden. So muss sich zum Beispiel schon der uns gewissermaßen angeborene Verstand doch unbedingt die Frage stellen, was es denn zu bedeuten habe, dass Moses und der Herr selbst gerade vierzig Tage lang gefastet haben. Der durch diese Tatsache geschürzte Knoten wird nur durch die Kenntnis und die Betrachtung dieser Zahl gelöst. In der Zahl Vierzig ist nämlich viermal die Zahl Zehn enthalten und damit gewissermaßen die Kenntnis aller Dinge nach dem Verhältnis der Zeiten. Denn in der Vierzahl vollendet sich der Lauf des Tages […] Die Zehnzahl bedeutet sodann die Kenntnis des Schöpfers und des Geschöpfes: denn die [in der Zehnzahl] enthaltene Dreizahl kommt dem Schöpfer zu, die Siebenzahl aber weist wegen des Lebens [durch die Drei] und wegen des Leibes [durch die Vier, 3 + 4 = 7] auf das Geschöpf hin" (Augustinus 1925, II.16.25, S. 72).

Die Praxis der allegorischen Bibelauslegung hatte zu Lebzeiten Augustinus' schon eine lange Tradition. Auch alttestamentliche Exegeten haben diese Praxis gepflegt. Zu den einflussreichsten gehört der griechisch sprechende jüdische Exeget Philon von Alexandria (gest. 40 n. Chr.). Für den christlichen Bereich hat Augustinus die zentralen Fragen zu Wesen und Funktion der Zahlenallegorese gestellt. Ohne Allgemeinverbindlichkeit zu beanspruchen, hat er die Methoden und Ergebnisse formuliert, welche die Vorstellungen von der allegorischen Bedeutung der Zahlen entscheidend bestimmt haben. Er war nicht der erste, aber er hat allen nachfolgenden den Weg gewiesen.

Bei oberflächlicher Betrachtung kann man, wie etwa das obige Zitat nahelegt, den Eindruck gewinnen, die Entschlüsselung der Zahlenbedeutungen sei willkürlich. Dem treten die Interpreten naturgemäß entgegen, dennoch bleibt für die Auslegung ein großer Spielraum, in dem sich die Fantasie des Exegeten entfalten kann. So kann beispielsweise jede Zahl

Zeichen dessen sein, was so viel Teile hat wie die Zahl Einheiten; Vier
kann danach in einem Zusammenhang die vier Evangelien, in einem
anderen aber die vier Weltteile bedeuten oder als Zahl des Jahres gelten,
wenn das Jahr als Gesamtheit der vier Jahreszeiten gesehen wird. Hier
steht also die Analogie von Zahl und Gezählten im Vordergrund. Größeren Zahlen, für die zunächst keine Bedeutungen angegeben werden
können, werden durch Kombination der Bedeutungen ihrer Summanden
oder Faktoren Bedeutungen zugewiesen. Die Bedeutungen der Zehn als
Zahl der Gebote und der Vier als Zahl der Evangelien kann für die Vier-
zehn das Verhältnis von Altem und Neuem Testament ergeben. Auch
durch Bildung der Teilersumme einer Zahl oder durch Summation von
Zahlen können Erklärungsmuster auf größere Zahlen ausgedehnt werden. Durch Addition der Zahlen von 1 bis 4 etwa wird 4 auf 10 bezogen.
Aus der Bedeutung einer Zahl kann auf eine Bedeutung ihres Nachfol-
gers geschlossen werden: 7 signalisiert die Ruhe nach dem Schöpfungswerk, 2 die Abweichung von dem in der Einheit begründeten Guten.

Durch Zerlegungen werden „Verwandtschaften" von Zahlen aufgedeckt, deren Bedeutungen übertragen werden. So ist beispielsweise 12
„verwandt" mit 7, weil 12 das Produkt, 7 die Summe aus 3 und 4 ist.
Hieraus kann abgeleitet werden, dass die zwölf Apostel von den sieben
Gaben des Heiligen Geistes erfüllt sind.

Arithmetische Begriffsbildungen, wie sie sich in den Handbüchern
von Martianus Capella, Boethius, Cassiodor und anderen finden (vgl.
1.7, 2.1, 2.2), werden bei den Deutungsmethoden vorausgesetzt und mit
unterschiedlicher Häufigkeit angewandt: gerade, ungerade, prime, zusammengesetzte, (über- und unter-) vollkommene Zahlen, figurierte
Zahlen, insbesondere Dreiecks-, Quadrat- und Kubikzahlen. Bekanntes
Beispiel: Gott hat sein Schöpfungswerk unter das Gesetz einer vollkommenen Zahl – der Sechs – gestellt; oder schärfer: Gott hat seine
Schöpfung deshalb in sechs Tagen vollendet, weil 6 eine vollkommene
Zahl ist. Weiteres Beispiel: Die Dreieckszahl $153 = 1/2 \cdot 17 \cdot 18$ wird auf
die 17, diese auf 10 und 7 reduziert. Zahlenverhältnisse kommen in der
Bibelauslegung nur sehr selten vor.

Es bleibt festzustellen, dass selbst da, wo als Voraussetzung für eine
fundierte Zahlenexegese auf die Notwendigkeit gründlicher Kenntnisse
der Mathematik (oder der Natur) hingewiesen wird, solche Kenntnisse
nur in sehr geringem Umfang eingesetzt werden. Bedeutsamer für die
Praxis der symbolhaften Zahlenauslegung ist die Überlieferung antiker
und frühchristlicher Deutungsmodelle.

Zu unterscheiden von der symbolhaften Ausdeutung gegebener nume-
rischer Beziehungen sind die Bestrebungen, solche auch dort herauszufinden, wo sie nicht explizit auftreten. Beispiele finden sich in der Natur
ebenso wie in der bildenden Kunst, in Architektur und Literatur (vgl.
Kap. 4). Auch heute wird in kontroversen Debatten der Frage nachgegangen, welche versteckten Maßbeziehungen etwa in den Bauplänen
gotischer Kathedralen verborgen sind, oder welche Zahlenkompositio-
nen dichterischen Werken zugrunde liegen. Dass sich solche Beziehungen nachträglich fast nach Belieben konstruieren lassen, leuchtet ein.
Heute herauszufinden, was die Künstler vor Zeiten tatsächlich intendiert
haben, scheitert in den allermeisten Fällen wegen fehlender Quellen.

1.7 Mathematik und Mythos –
Die sieben Dienerinnen der *Philologia*

Seit Varros *De disciplinis libri IX* vergingen etwa 500 Jahre, bis wieder
ein römisches Handbuch der freien Künste erschien. Der Titel dieses
Werkes „Die Hochzeit der Philologie mit Merkur" (*De nuptiis Philolo-
giae et Mercurii*) lässt allerdings kaum vermuten, dass es sich um ein
wissenschaftliches Werk handelt. Über den Autor Martianus Capella ist
fast nichts bekannt, außer dass er (wahrscheinlich) um 400 n. Chr. gelebt hat, aus Karthago stammt und dort als Rhetor tätig war.

Im gesamten Frühmittelalter war dies das einzige Werk – Varros
Handbuch war schon früh verschollen –, das alle sieben freien Künste
behandelte. Etwa 230 noch existierende Handschriften, die alle vom
9. Jahrhundert an bis in die Neuzeit hinein angefertigt wurden, zeugen
von seiner weiten Verbreitung. Manche Exemplare sind mit Anmerkun-
gen versehen, die auf eine Verwendung für Unterrichtszwecke hinweisen. So wurde Martianus Capella nach den karolingischen Reformen,
als an einigen der bedeutendsten Schulen nicht mehr nur Begriffe, sondern zunehmend auch Inhalte gelehrt wurden, zum Begründer und zur
anerkannten Schlüsselfigur mittelalterlicher Erziehung in den sieben
freien Wissenschaften. Zunächst aber resultiert die Beliebtheit dieses
Handbuchs wohl weniger aus den wissenschaftlichen Inhalten, als vielmehr aus der mythischen Rahmenhandlung, in die die Darstellung der
einzelnen Disziplinen der freien Künste eingebettet ist.

Merkur, der Gott der Beredsamkeit, wählt das irdische Mädchen Philologia, nachdem es von Jupiter und den übrigen Göttern in den Stand

einer unsterblichen Göttin erhoben worden ist, zur Frau (das griechische Wort *philologia* entspricht hier dem lateinischen *disciplina*). Als Hochzeitsgeschenk erhält Philologia, die wegen ihres Strebens nach höchster Weisheit durch wissenschaftliche Erkenntnis unter den Göttern geschätzt ist, von Merkur sieben Dienerinnen aus seinem Gefolge – die personifizierten freien Künste. Nacheinander treten die Damen vor die Festversammlung und erklären die Wissenschaften, die sie vertreten.

Diese Allegorie ist der Beginn einer tausendjährigen Praxis mittelalterlicher Ikonographie, die freien Künste in Frauengestalt darzustellen (s. Abb. III). Emile Male bemerkt dazu:

„Die von der afrikanischen Fantasie des Martianus Capella geschaffenen wunderlichen Gestalten prägten sich dem Gedächtnis des Mittelalters viel schärfer ein als selbst die reinsten Schöpfungen der damaligen Meister. […] Der obskure Rhetor aus Afrika hat also etwas geleistet, was selbst genialen Männern nicht oft gelungen ist: er hat Typen geschaffen" (Male, S. 88).

Auch die Siebenzahl der freien Künste wurde durch Martianus zur Regel. Während bei Varro noch Medizin und Architektur zum Kanon der freien Künste gehörten, sollen diese im Senat der Götter schweigen, da sie es nur mit der Sorge um Angelegenheiten der Sterblichen und um irdische Objekte zu tun haben (vgl. Zekl, S. 298). Von den mathematischen Fächern des Quadriviums wird zuerst die Geometrie präsentiert – im Unterschied zu allen späteren Einteilungen, in denen die Arithmetik stets die erste der mathematischen Wissenschaften ist. Für Martianus ist Geometrie noch das, was der Name sagt, nämlich die Kunst der Erdvermessung und Erdbeschreibung, also Geographie, und nicht, wie es z. B. Cassiodor in Übereinstimmung mit den antiken Autoren formuliert,

„die Wissenschaft von den unbeweglichen Größen und den Figuren, die wir mit dem Verstand von der Materie und sonstigen zufälligen Momenten ablösen und so im reinen Denken untersuchen" (vgl. 2.2).

Nach den Belehrungen der Festversammlung durch die gescheiten Damen *Grammatica*, *Rhetorica* und *Dialectica* beginnt *Geometria* ihren Auftritt, indem sie sich zunächst dafür entschuldigt, dass sie den edelsteinbedeckten Fußboden des Senatssaals der Götter mit schmutzigen Füßen betritt. Ihre Begründung ist ebenso einfach wie überzeugend: Sie komme gerade von einer ihrer zahlreichen Durchquerungen und Vermessungen der Erde, was notwendig zu staubigen Schuhen führe. Dafür könne sie aber Auskunft geben über alle irdischen Regionen, über

Abb. III: Die allegorischen Gestalten der sieben freien Künste im Defilee
            um die Philosophie (auch Philologie oder Sapientia genannt). Zu
            ihren Füßen Sokrates und Platon, auf deren Lehren die christli-
            che Philosophie aufbaut. Dagegen müssen die heidnischen
            „Dichter oder Magier", von unreinen Geistern (den schwarzen
            Vögeln) inspiriert, außerhalb des Kreises bleiben. Aus dem *Hor-
            tus deliciarum* der Äbtissin Herrad von Landsberg (um 1180,
            vgl. 3.6; Caratzas, S. 32; Backes, S. 216).

Rechnungen und Beweise für die Gestalt der Erde, ihre Größe, Position
und Ausdehnung; es gebe keinen Teil der Erde, den sie nicht aus dem
Gedächtnis beschreiben könne. Davon gibt sie sogleich eine ausgedehnte Kostprobe, da die Festversammlung ihrer Meinung nach für

diese Dinge mehr Interesse aufbringe, als für die abstrakten Sätze ihrer Wissenschaft (womit sie, wie sich an anderer Stelle herausstellt, die Festgäste richtig eingeschätzt hat). Die Rede beginnt mit einer Verteidigung der Kugelgestalt der Erde. Der Wert des Eratosthenes für den Erdumfang wird erwähnt und ein (fehlerhafter) Bericht über dessen Methode gegeben. Es folgen Argumente für die Zentralstellung der Erde im Universum. Weiter werden die fünf Klimazonen und die Einteilung der bewohnbaren Welt in drei Kontinente (Europa, Asien und Afrika) behandelt, wobei es sich mehr oder weniger um die verkürzte Version einer ähnlichen Darstellung in der *Historia naturalis* von Plinius dem Älteren handelt (vgl. 1.3).

Diese Ausführungen haben etwa den vierfachen Umfang dessen, was *Geometria* über die „abstrakten Sätze der Geometrie" zu sagen weiß oder, genauer gesagt, was die Götterversammlung darüber hören will. Martianus lässt *Geometria* damit beginnen, dass sie Figuren auf der staubbedeckten Oberfläche ihres Abakus zeichnet – ein Hinweis darauf, warum im Mittelalter der Abakus durchweg im Rahmen der Geometrie behandelt wird. Es werden eine Reihe von Aussagen aus den „Elementen" Euklids einschließlich der meisten Definitionen, aller Postulate und dreier der fünf Axiome beschrieben, Flächen und Körper einschließlich der fünf platonischen regelmäßigen Polyeder vorgestellt, rechte, spitze und stumpfe Winkel definiert und einige Bemerkungen über Proportionalität und Inkommensurabilität gemacht. Insgesamt gesehen ist der Abschnitt über die Geometrie der schwächste von allen.

Als Nächstes tritt *Arithmetica* vor. Sie beginnt mit einem Ausflug in die Zahlenmystik. Sie erklärt, welche natürlichen und übernatürlichen Eigenschaften den Zahlen von eins bis zehn zukommen, nennt die Gottheiten, mit denen sie verbunden sind und in welchen Zusammenhängen sie stehen. Zum Beispiel die besonders bedeutungsschwere Sieben:

„Im Gegensatz zu allen anderen Zahlen [von zwei bis zehn] ist die Sieben von keiner Zahl erzeugt [als Primzahl hat sie keine echten Faktoren] und zeugt selbst keine Zahl [kleiner oder gleich 10]. Sie ist deshalb Minerva geweiht, da auch sie nicht gezeugt wurde und für immer jungfräulich blieb. Folglich ist auch die Sieben eine jungfräuliche Zahl. […] Auch die Natur des Menschen ist von der Zahl Sieben durchdrungen: Das Kind ist nach sieben Monaten im Mutterleib voll entwickelt, der Kopf hat sieben Öffnungen für die Sinne, nämlich zwei Augen, zwei Ohren, zwei Nasenöffnungen und einen Mund. Die Zähne erscheinen beim Kind nach sieben Monaten, die zweiten Zähne kommen im siebten

Jahr. Nach zweimal sieben Jahren tritt die Pubertät und die Zeugungsfähigkeit ein, nach dreimal sieben Jahren wächst der Bart; viermal sieben Jahre markiert das Ende des Wachstums und fünfmal sieben die volle Blüte des Mannes. Die Natur hat den Menschen mit sieben lebensnotwendigen Organen versehen: Zunge, Herz, Lunge, Milz, Leber und zwei Nieren. Sieben ist überhaupt die Anzahl der Körperteile: Kopf, Brust, Bauch, zwei Hände, zwei Füße" (Stahl 1977, S. 281).

Es wundert nun nicht mehr, dass der Grund für eine glückliche Ehe weniger in der gegenseitigen Liebe als in der glücklichen Verbindung der Zahlen 3 und 4 der Brautleute zur Zahl 7 gesehen wird.

Den ganz überwiegenden Teil der *Arithmetik* nimmt dennoch die eigentliche Zahlentheorie im Sinne Euklids ein. Während die Zahlenmystik in zwölf Abschnitten behandelt wird, nimmt die Zahlentheorie 59 Abschnitte ein.

Die ersten 35 davon widmen sich den üblichen Definitionen der verschiedenen Klassen von Zahlen und Zahlenverhältnissen. Trotz deren fundamentaler Bedeutung für die pythagoreische Harmonielehre und Kosmologie werden sie hier nur ganz oberflächlich behandelt; in der Musik – bei Martianus die letzte Disziplin – wird dann auch so gut wie gar kein Gebrauch davon gemacht. Wir verschieben die Besprechung auf den folgenden Abschnitt, da Boethius diesen Problemkreis gründlicher behandelt.

Die restlichen 24 Abschnitte bilden – vom mathematischen Standpunkt aus betrachtet – den wichtigsten Teil dessen, was die Dame *Arithmetica* zu berichten weiß. Von den 103 Sätzen aus den arithmetischen Büchern VII bis IX der „Elemente" Euklids, die heute allgemein als pythagoreisches Gedankengut angesehen werden, kann sie 27 anführen: 17 der 38 Sätze aus Buch VII (2, 3, 15, 20, 22–24, 26–29, 31, 34, 36–38), fünf der 27 Sätze aus Buch VIII (7, 14–17) und fünf der 36 Sätze aus Buch IX (11–15). Es handelt sich dabei stets um Teilbarkeitsaussagen, um relativ prime, d. h. teilerfremde Zahlen, um Primteiler in geometrischen Folgen, Quadrat- und Kubikzahlen, um die Bestimmung des größten gemeinsamen Teilers (durch den heute sogenannten Euklidischen Algorithmus) und des kleinsten gemeinsamen Vielfachen. Alles wird rein verbal wiedergegeben und an einfachen Zahlenbeispielen erläutert; Beweise gibt es nicht.

Eine kurze Erwähnung gönnt *Arithmetica* den sogenannten „Fingerzahlen" mit dem Hinweis, dass ihre Vorliebe denjenigen Zahlen gilt, die man (nur) mit den Fingern der beiden Hände darstellen kann, da für die

übrigen umständliche Verschränkungen der Arme erforderlich sind.
(Gemeint sind wohl die Einer, Zehner, Hunderter und Tausender; vgl.
Abb. IX in 3.7.) Dies ist ein Beleg dafür, dass die Darstellung der Zah-
len durch gewisse Finger- und Armstellungen gängige Praxis bei den
Römern war.

Das Kapitel über Astronomie ist wohl der beste Teil des Martiani-
schen Handbuchs und hat den nachhaltigsten Einfluss ausgeübt. Es
werden z. B. die wichtigsten Kreise der Himmelssphäre erklärt, der Tier-
kreis wird in zwölf Abschnitte zu je 30 Grad mit den jeweiligen Bezeichnungen eingeteilt, und es werden die wichtigsten Sternbilder auf-
gezählt. Die Darlegung zeugt von korrekten Kenntnissen der ungefähren
Dauer der West-Ost-Bewegung der traditionellen sieben Planeten in der
Ekliptik und von einem guten Verständnis für die scheinbar rückläufi-
gen Bewegungen der äußeren Planeten. Einer der interessantesten und
bedeutendsten Inhalte dieses Kapitels ist die Abhandlung über die inneren Planeten Merkur und Venus. Martianus glaubte, dass diese sich auf
Umlaufbahnen um die Sonne bewegen. Noch Kopernikus bezog sich
1100 Jahre später auf Martianus, um diesen Aspekt seines eigenen Sys-
tems zu stützen.

Als Letzte darf die Dienerin *Harmonia* ihre Kunst und Wissenschaft
vorstellen. Nach einer langen mythologischen Einleitung werden einige
grundlegende Begriffe der Musiktheorie vorgestellt (vgl. 4.2). Zahlenverhältnisse werden nur kurz im Zusammenhang mit den Grundkonso-
nanzen Oktave, Quinte und Quarte erwähnt.

Im Ganzen bleibt dieses Kapitel weit hinter dem umfangreichen
Werk des Boethius über Musik zurück, kommt aber in der Rezeption
des Mittelalters immerhin auf Platz zwei.

Richard Johnson ist bei der Frage, was Martianus wohl veranlasst
hat, sein Werk zu verfassen, zu der Auffassung gekommen, dass es
weder als Schulbuch, noch als Pamphlet gegen das Christentum, auch
nicht als Enzyklopädie des antiken Wissens zu verstehen ist, sondern
dass er

„vielleicht nur für sich selbst die Unsterblichkeit erreichen wollte, die
Platon, Aristoteles, Cicero und Varro erreicht hatten. Und, bei all seinen
Fehlern, war er nicht bis zu einem gewissen Maß erfolgreich?" (Stahl
1977, S. 98).

2. Vernunft und Glaube –
Die *Artes liberales* im Frühmittelalter

2.1 An der Schwelle zum Mittelalter –
Boethius und der Vierweg zur Weisheit

Im Verlaufe des 1. und 2. Jahrhunderts n. Chr. war das Römische Reich im Besitz eines Bildungssystems, das den oberen Schichten überall in dem ausgedehnten Reich zur Verfügung stand. Vom Ende des 2. Jahrhunderts an geriet das Westreich unter dem Ansturm der „Barbaren" auf seine Grenzen in eine Krise, die sich unter den zunehmenden Stürmen der Völkerwanderung des 4. und 5. Jahrhunderts stetig verschärfte. Das 5. Jahrhundert brachte nicht nur das politische Ende des Weströmischen Reiches, sondern auch den Verlust seiner kulturellen Errungenschaften. Damit drohten auch die Möglichkeiten des Zugriffs auf die griechische Literatur verloren zu gehen. Nur eine verschwindend kleine Minderheit hatte noch genügend Sprachkenntnisse, griechische Bücher zu lesen. In dieser Lage fasste Anicius Manlius Severinus Boethius, Abkömmling eines der reichsten und vornehmsten der stadtrömischen Geschlechter, den Plan, seiner Zeit die Werke der großen griechischen Philosophen – allen voran Platon und Aristoteles – durch Übersetzungen ins Lateinische zu erhalten. Übertragen werden sollten aber auch die neuplatonischen und neupythagoreischen Schriften, und von ihnen vor allem diejenigen über Arithmetik, denn diese bilden nicht nur die Grundlage aller anderen Wissenschaften, sondern seien überhaupt zum Verständnis der Philosophie unabdingbar. Zwar konnte Boethius seine Pläne nur zum geringen Teil verwirklichen, dennoch ist sein Einfluss auf das ganze mittelalterliche Denken gar nicht hoch genug einzuschätzen.

Boethius' Vater verstarb früh, doch mit Aurelius Memmius Symmachus fand er einen ebenso reichen wie einflussreichen Ziehvater, der ihm eine gründliche philosophische Ausbildung verschaffte. Auf politischem Feld machte er eine steile Karriere. Im Alter von etwa 30 Jahren wurde er um 510 römischer Konsul, 522 ranghöchster Minister („*magis-*

ter officiorum") des Westreiches am Hofe Theoderichs in Ravenna. In diesem Amt wurde er in einen Streit Theoderichs mit Ostrom hineingezogen und der Verschwörung bezichtigt. Er wurde eingekerkert und nach mehrmonatiger Gefangenschaft im Jahre 524 enthauptet.

Während seiner Gefangenschaft verfasste Boethius die Schrift *De consolatione philosophia*, „Von den Tröstungen durch die Philosophie". Dieses Werk, ein imaginärer Dialog zwischen dem gefangenen Boethius und *Philosophia*, der personifizierten Philosophie, wird oft als die wichtigste philosophische Schrift des gesamten Mittelalters bezeichnet.

Von seinen Werken zur Mathematik ist eine „Einführung in die Arithmetik" (*Institutio arithmetica*) erhalten, bei der es sich im Wesentlichen um eine Übersetzung der *Introductio arithmetica* des Nikomachos von Gerasa handelt. Von einer (teilweisen) Übersetzung der „Elemente" Euklids gibt es indirekte Zeugnisse, das Werk selbst ist aber schon früh verloren gegangen (vgl. hierzu 4.2 und 5.3). Außerdem gibt es die „Fünf Bücher über Musik", ein ausführliches Werk über die griechische Harmonielehre.

In der Vorrede zur *Institutio arithmetica* über die Einteilung der mathematischen Wissenschaften – in der auch der Begriff *Quadruvium* geprägt wird, der später zu *Quadrivium* wurde – legt Boethius sein Bekenntnis zur Mathematik als unumgängliche Vorbereitung auf dem Weg zur Philosophie ab: „Alle Autoritäten des Altertums, die nach dem Vorbild des Pythagoras die Kraft des reinen Denkens besaßen, stimmen offenbar darin überein, dass niemand in den Lehren der Philosophie zur höchsten Vollkommenheit gelangen kann, ohne den Adel solcher Erkenntnis auf einem sozusagen vierfältigen Wege des Forschens erlangt zu haben (*nisi cui talis prudentiae nobilitas quodam quasi quadruvio vestigatur*), welcher dem, der über die rechte Einsicht verfügt, nicht verborgen bleiben kann. Denn die Weisheit [Philosophie] besteht darin, die Wahrheit zu erfassen betreffend jene Gegenstände, die ein [wahres] Sein und ein unveränderliches Wesen besitzen."

Diese „Gegenstände" aber sind, wie Boethius im weiteren Verlauf erläutert, Größen und Vielheiten. Die Größen werden eingeteilt in unbewegliche (Geometrie) und bewegliche (Astronomie), die Vielheiten in solche, die für sich allein existieren (Arithmetik) und solche, die nur in Bezug auf andere existieren können (Musik als Proportionenlehre). Boethius fährt dann fort:

„Wenn einem Forschenden diese vier Teilgebiete fremd bleiben, kann er die Wahrheit nicht finden, und ohne solche Betrachtung der Wahrheit gelangt niemand zu echter Weisheit. Denn die Weisheit ist die Erkenntnis und das vollständige Erfassen jener Gegenstände, die wahres Sein haben. Wenn also jemand diese Gegenstände verachtet und damit diese Wege zur Weisheit, dann versichere ich ihm, dass er nicht zur wahren Philosophie gelangt, da nun einmal die Philosophie Liebe zur Weisheit ist, welche jener bereits missachtet hat, da er diese Gegenstände verschmähte."

In den ersten 20 von insgesamt 32 Abschnitten des ersten Buches wird die „Zahl an sich" oder „für sich" behandelt. Die erste – und sicher die älteste – Einteilung ist die in „gerade" und „ungerade" Zahlen.

Jede gerade Zahl kann in der Form $2^n(2m-1)$ mit $n, m \geq 1$ dargestellt werden. Dies gibt eine naheliegende Einteilung der geraden Zahlen größer als 2 in die Klassen:

a) 2^n, $n > 1$, b) $2(2m-1)$, $m > 1$, c) $2^n(2m-1)$, $n, m > 1$.

Die Zahlen der Klasse a) heißen „gerademal gerade" (*pariter par*), die der Klasse b) „gerademal ungerade" (*pariter impar*), diejenigen der Klasse c) „ungerademal gerade" (*impariter par*).

Der Ausgangspunkt für diese Einteilung liegt im Halbieren: Im Fall a) kommt man bei fortgesetztem Halbieren bis zur Einheit, im Fall b) schon nach einmaligem Halbieren zu einer ungeraden Zahl (≥ 3), während die Klasse c) (nach Boethius) eine Art Mittelstellung zwischen den beiden anderen einnimmt: Die Möglichkeit der mehrfachen Halbierung verbindet sie mit der ersten Klasse, dass die Halbierung bei einer ungeraden Zahl endet, verbindet sie mit der zweiten Klasse. In der Einteilung in gerade und ungerade Zahlen und die damit zusammenhängenden Rechenarten des Halbierens und Verdoppelns kann man einen gleichsam archaischen Versuch erkennen, Ordnungen und Gesetzmäßigkeiten in der Zahlenreihe zu entdecken. Man findet dies bereits in den Anfängen der alten Hochkulturen, und im alten Ägypten ist es gar die Grundlage des Rechnens. Noch bei den Rechenmeistern der frühen Neuzeit gehören Halbieren („Medirn", wie es bei Adam Ries heißt) und Verdoppeln („Duplizirn") zu den eigens eingeübten Grundrechenarten.

Für jeden Typ dieser Zahlen werden einige Eigenschaften angeführt. Zum Beispiel wird bemerkt, dass bei einer Zerlegung einer geraden Zahl in zwei Faktoren im Fall einer gerademal geraden Zahl beide Faktoren gerade sind, im Fall einer gerademal ungeraden Zahl ein Faktor gerade, der andere ungerade, im Fall einer ungerademal geraden Zahl schließlich jeder Faktor sowohl gerade als auch ungerade sein kann (was wieder für deren Mittelstellung angeführt wird).

In § 9 findet Boethius, dass die Summe der ersten n gerademal geraden Zahlen eine gerademal ungerade Zahl ist, nämlich

$$2+4+8+...+2^n = 2(2^n -1),$$

wie üblich ohne Beweis (und natürlich, wie alles, ganz in Worten formuliert). Man erkennt hier die Summenformel für die geometrische Folge mit Quotient 2, die in den „Elementen" Euklids bewiesen, für Boethius aber einfach das Ergebnis „gründlicher Überlegung und großer Konstanz des Göttlichen" ist.

Die ungeraden Zahlen werden eingeteilt – wie wir das heute auch noch zu tun pflegen – in „primäre" oder „nichtzusammengesetzte", also Primzahlen, und „sekundäre" oder „zusammengesetzte", also alle übrigen (§§ 13–15).

Schließlich werden Zahlen betrachtet, die nach Boethius eine mittlere Stellung zwischen den zusammengesetzten und den nichtzusammengesetzten einnehmen – „Zahlen, die für sich zusammengesetzt, im Vergleich mit einer anderen aber nichtzusammengesetzt sind" (§ 18). Hier ist also eigentlich die Rede von Paaren von Zahlen, die (nicht prim, aber) relativ prim sind, d. h. außer 1 keinen gemeinsamen Teiler haben.

In § 17 findet sich eine detaillierte Beschreibung des Siebs des Eratosthenes zur Auflistung aller Primzahlen. § 18 führt den Euklidischen Algorithmus zur Bestimmung des größten gemeinsamen Teilers zweier Zahlen ein.

Eine weitere Einteilung der Zahlen ist die in „vollkommene", „übervollkommene" und „unvollkommene" (besser „untervollkommene"), je nachdem ob die Summe der echten Teiler gleich der Zahl bzw. größer oder kleiner als die Zahl ist.

Ein Höhepunkt ist die aus Buch IX, §36 der „Elemente" Euklids, bekannte Darstellung der geraden vollkommenen Zahlen als

$$2^n(2^{n+1} -1) = 2^n(1+2+2^2 +...+2^n),$$

vorausgesetzt, dass $2^{n+1} -1$ eine Primzahl ist (§ 20). Boethius betont, dass man so alle vollkommenen Zahlen erhält; ob er der Meinung war, dass sich wirklich jede vollkommene Zahl so darstellen lässt – das würde insbesondere bedeuten, dass es keine ungeraden vollkommenen Zahlen gibt, was bis heute nicht bewiesen ist – lässt sich nicht mit Sicherheit feststellen. Da in dem Umfeld dieser Textstelle aber nur die geraden Zahlen behandelt werden, scheint Boethius hier nur an gerade vollkommene Zahlen zu denken.

Alle diese Zahlenarten werden auf vielerlei Gesetzmäßigkeiten hin studiert, auf die wir hier nicht näher eingehen. Die vorstehenden Einteilungen sowie die folgenden, die sich auf Verhältnisse, Proportionen und Medietäten beziehen, muss man aber kennen, da sie seit Martianus Capella (vgl. 1.7) das ganze Mittelalter hindurch ein zähes Nachleben führten (und zum Teil noch heute führen). Dass dabei häufig genug die Kenntnisse auf die bloßen Begriffe reduziert waren und diese für das Ganze gehalten wurden, betrifft nicht nur das Mittelalter.

Im Zentrum der *Institutio arithmetica* steht die Lehre von den Zahlenverhältnissen. Ihr sind die restlichen Paragrafen 21 bis 32 des ersten Buches und von den 54 Paragrafen des zweiten Buches hauptsächlich die ersten drei gewidmet.

Eine Zahl *l* im Vergleich zu einer kleineren Zahl *k* heißt *superpartikular* oder „überteilig", wenn sie die kleinere Zahl ganz enthält und noch einen Teil von dieser (*Superparticularis vero est numerus ad alterum comparatus, quotiens habet in se totum minorem et eius aliquam partem*). In heutiger Terminologie also

$$l = k + \frac{k}{n}$$

mit einem Teiler *n* von *k* größer als 1.

Das lateinische Zitat drückt eindeutig aus, dass hier eigentlich nicht von einem Zahlenverhältnis die Rede ist; nicht das Verhältnis, das wir heute meist mit *l* : *k* bezeichnen, wird mit einem Namen bezeichnet, sondern die Zahl *l* im Vergleich mit *k* (Das Wort *proportio* wird erst im Zusammenhang mit den Mitteln benutzt, s. u.). Andere Passagen lassen darauf schließen, dass es Boethius eher darum geht, wie eine Zahl aus einer anderen entsteht, oder – wie er sich ausdrückt – um „Arten der Ungleichheit" (§ 28). Das entspricht auch der philosophischen Grundtendenz des gesamten Werkes, deren pythagoreisches Fundament bei Nikomachos noch deutlicher zum Ausdruck gebracht wird. Aufschlussreich ist dafür besonders der abschließende § 32 des ersten Buches: „Wie jede Ungleichheit aus der Gleichheit entsteht", und der erste Abschnitt des zweiten Buches: „Wie jede Ungleichheit auf Gleichheit reduziert wird". Dennoch ist es hilfreich, das Verhältnis *l* : *k* als superpartikulares oder überteiliges Verhältnis zu bezeichnen und in der heute gebräuchlichen Form

$$l : k = (n+1) : n$$

zu schreiben, wo *n* eine beliebige natürliche Zahl größer als 1 ist.

Für $n = 2$ heißt l *sesquialter* von k ($l : k = 3 : 2$), für $n = 3$ *sesquitertius* ($l : k = 4 : 3$), für $n = 4$ *sesquiquartus* ($l : k = 5 : 4$) etc.

In der *Arithmetica* werden diese „Verhältnisse" in Zahlentafeln wie der folgenden verdeutlicht, die sich nach rechts und unten beliebig erweitern lässt:

1	2	3	4	5
2	4	6	8	10
3	6	9	12	15
4	8	12	16	20
5	10	15	20	25

Jede Zahl der zweiten Zeile ist das Doppelte der darüberstehenden Zahl, jede der dritten Zeile ist ein Sesquialter der darüberstehenden, jede der vierten Zeile ein Sesquitertius der darüberstehenden Zahl, jede der fünften Zeile ein Sesquiquartus der darüberstehenden Zahl usw. Außerdem lassen sich mit Boethius an dieser Tafel noch manche andere „Zahlengeheimnisse" aufdecken, was wir dem geneigten Leser überlassen.

Da die Klassifikation der Verhältnisse vor allem im Hinblick auf die Anwendungen in der Musik vorgenommen wurde, wurden außer den superpartikalaren Verhältnissen weitere Arten benötigt, die wir kurz beschreiben.

Eine Zahl l im Vergleich zu einer Zahl k heißt *superpartiens* oder „übermehrteilig", wenn für einen Teiler n von k ($1 < n \leq k$) und einer Zahl m ($1 < m < n$) gilt:

$$l = k + m \cdot \frac{k}{n} \quad (\text{oder } l : k = (n+m) : n).$$

Für $m = 2$ heißt l *superbipartiens* von k, also $l : k = (n+2) : n$ („überzweiteiliges" Verhältnis), für $m = 3$ *supertripartiens* von k, also $l : k = (n+3) : n$ („überdreiteiliges" Verhältnis) usw.

Wird von zwei Zahlen die kleinere in Beziehung zur größeren gesetzt (bisher war es umgekehrt), so werden die vorstehenden Bezeichnungen mit der Vorsilbe *sub* versehen.

Weiter wird der *multiplex* (das Vielfache) $l = t \cdot k$ eingeführt, der *multiplex superparticularis* (das „vielfach Überteilige")

$$l = t \cdot k + \frac{k}{n}$$

und der *multiplex superpartiens* (das „vielfach Übermehrteilige")

$$l = t \cdot k + m \cdot \frac{k}{n}.$$

Wenden wir uns nun dem zweiten Buch zu, so finden wir ab § 4 eine lange, über 35 Paragrafen sich hinziehende Abhandlung über figurierte (ebene und räumliche) sowie andere „geometrische" Zahlen; da wir darüber schon einiges im Zusammenhang mit dem Zahlbegriff der Pythagoreer gesagt haben (vgl. 1.1), wollen wir diesen Teil hier übergehen.

Schließlich werden in den letzten Paragrafen 40 bis 54 die Mittel (Medietäten) eingeführt und im Zusammenhang mit der Harmonielehre diskutiert. Boethius ergänzt die „alten" Mittelbildungen – arithmetisches, geometrisches und harmonisches Mittel – durch die hierzu „konträren Mittel", und diese sechs – damit die den Pythagoreern aller Zeiten heilige Zehn voll werde – um vier weitere Mittel. Für die Musiktheorie reichen jedenfalls die „alten" Mittel vollkommen aus.

Das Werk schließt mit der „höchsten und perfekten Harmonie in drei Intervallen", die in den Zahlen

$$6 \quad 8 \quad 9 \quad 12$$

ihren Ausdruck findet: 8 ist das harmonische, 9 das arithmetische Mittel von 6 und 12; das geometrische Mittel der äußeren Zahlen ist gleich dem geometrischen Mittel der inneren Zahlen; 9 : 6 ist ebenso ein *sesquialter* wie 12 : 8; die Differenz von 9 und 6 ist gleich der Differenz von 12 und 9. Schließlich finden sich die grundlegenden Konsonanzen Oktave (*Diapason*), Quinte (*Diapente*), Quarte (*Diatesseron*) und der Ganzton (*Tonus* oder *Epogdous*) in den Verhältnissen 12 : 6, 9 : 6 = 12 : 8, 8 : 6 = 12 : 9 und 9 : 8.

Damit schlägt Boethius den Bogen von der Arithmetik zu deren Anwendung in der Musik. Das ist ein deutlicher Hinweis darauf, dass die *Arithmetica* – abgesehen von der propädeutischen Funktion für das Philosophiestudium im Allgemeinen – als Vorbereitung zum Studium der Musiktheorie, wie er sie in seinen „Fünf Büchern über Musik" dargelegt hat, konzipiert ist. Damit wird auch plausibel, dass es Boethius nicht um eine geschlossene mathematische Theorie geht, in der – etwa im Sinne von Euklid – jede Aussage streng zu beweisen wäre. Vielmehr sollen Schönheit und Harmonie der Gesetze der Zahlen als Spiegel der kosmischen Schönheit und Harmonie dargestellt werden. Beweise hätten die eigentlichen Ziele dieses Werkes eher verdunkelt als erleuchtet.

Von anderer Warte aus beschreibt Umberto Eco die Lage des Boethius:

„Boethius flüchtet sich in das Bewusstsein von Werten, die nicht verlorengehen können, in die Gesetze der Zahl, die Natur und Kunst beherrschen, unabhängig von der gegenwärtigen Situation. Auch dann, wenn er die Schönheit der Welt optimistisch betrachtet, ist seine Einstellung immer die eines Weisen, der sein Misstrauen gegenüber der Welt der Phänomene hinter der Bewunderung für die Schönheit der mathematischen Noumena verbirgt" (Eco, S. 52).

Von der *Institutio arithmetica* sind über 200 mittelalterliche Handschriften erhalten, was von dem großen Einfluss zeugt, den dieses Werk auf das Mittelalter ausgeübt hat. Selbst in der Neuzeit – und hier vor allem an den Universitäten – sind diese Einflüsse deutlich erkennbar. Wir werden in den folgenden Kapiteln diesen Spuren weiter nachgehen.

2.2 Nachlese – Cassiodor und Isidor von Sevilla

Die günstigsten Voraussetzungen, nach dem politischen Zusammenbruch des Weströmischen Reiches im 5. Jahrhundert den Verfall der römischen Kultur einigermaßen in Grenzen zu halten, boten sich in den Einflussbereichen der Ostgoten in Italien und denen der Westgoten in Spanien. Hier lebten und wirkten einige Persönlichkeiten, die durch Wiederaufnahme der Handbuchtradition der antiken Bildung zu einer Nachblüte verhalfen. Für Italien ist (neben Boethius, mit dem wir uns bereits im vorigen Abschnitt befasst haben) vor allem Cassiodor, für Spanien Isidor von Sevilla zu nennen.

Cassiodor Senator entstammte einem alten (vielleicht syrischen) Geschlecht, das seit langem in Süditalien ansässig war. Geboren um 490, stand er in den Diensten Theoderichs und bekleidete gemeinsam mit dem zehn Jahre jüngeren Boethius und später als dessen Nachfolger höchste Ämter am Hofe in Ravenna.

Während dieser Zeit fasste er gemeinsam mit dem Papst den Plan, eine theologische Akademie zu gründen, in der auch die Wissenschaften einen angemessenen Platz finden sollten. Weil sich dieser Plan wegen der politischen Umstände nicht verwirklichen ließ, zog er sich auf den väterlichen Besitz in Scyllacium (heute Squllace in Kalabrien) zurück, nachdem er – nach Beendigung der Gotenherrschaft in Italien 537 – noch einige Jahre (wohl von 540 bis 554) in Ravenna und Konstantinopel verbracht hatte. In Scyllacium gründete er das Kloster *Vivarium*, in dem er bis zu seinem Tode nach 580 lebte.

Im Bemühen um die christliche Bildung seiner Mönche verfasste Cassiodor eine Lehrschrift über die „göttlichen und weltlichen Wissenschaften", die *Institutiones divinarum et saecularium litterarum* in zwei Büchern. Diese sollte, wie er in der Einleitung bemerkt,

„mit den heiligen Schriften vollständig der Reihe nach und mit den weltlichen Wissenschaften in gedrängter Form bekanntmachen" (Garin, S. 62).

Auf die „gedrängte Form" bei den weltlichen Wissenschaften – und damit war natürlich nichts anderes als der Kanon der sieben freien Künste gemeint – glaubte er sich deshalb beschränken zu dürfen, da nach seiner Meinung „die weltlichen Autoren sich einer zweifellos ausgezeichneten Lehrüberlieferung erfreuten." Zur Begründung gibt er in den *Institutiones* bei jedem Teilgebiet eine Reihe von Autoren an und ermuntert den Leser,

„diese Autoritäten mit Eifer zu studieren, denn dadurch werde man – innerhalb der menschlichen Grenzen – zu einem gründlichen Verständnis gelangen. […] Das Lernen geschieht ja gewissermaßen auf zweifache Weise, sofern eine klar umrissene Bezeichnung des Gegenstandes erst den Blick aufmerksam macht und dann, wenn die Aufnahmebereitschaft gegeben ist, zum Verständnis gelangt. Außerdem werden wir immer wieder darauf hinweisen, welche griechischen und lateinischen Autoren durch ihre Darlegungen zur Aufklärung der jeweils behandelten Probleme beigetragen haben; wer sich dann die Mühe macht, die Schriften der Alten selbst zu lesen, wird sie nach dieser kurz gefassten Einführung besser verstehen" (Ebd., S. 75).

Um in diesem Sinne das Studium „der Alten" zu ermöglichen, legte Cassiodor aus eigenen Mitteln eine Klosterbibliothek an, die die bedeutendste des Frühmittelalters gewesen sein soll. Wichtige Werke, die ja nur als Handschriften und meistens in wenigen schwer zugänglichen Exemplaren existierten, ließ er von seinen Mitbrüdern abschreiben und gegebenenfalls übersetzen. Dass er dadurch zum Begründer der klösterlichen Schreibschulen – diese „Skriptorien" bildeten bis ins Hochmittelalter hinein die Basis aller wissenschaftlichen Bemühungen – und zum Wegbereiter der Pflege der überkommenen Wissenschaften in den Klöstern des Mittelalters wurde, hat Cassiodor nicht mehr erlebt; sein Kloster *Vivarium* bestand nur noch wenige Jahrzehnte nach seinem Tode. Über den Verbleib seiner außerordentlichen Bibliothek lassen sich nur Vermutungen anstellen.

Für das Quadrivium zumindest sollte Cassiodors Anliegen, „die Schriften der Alten selbst zu lesen", für Jahrhunderte nur in seltenen

Fällen in die Praxis umgesetzt werden. Dennoch trug Cassiodors Wirken in der klösterlichen Gemeinschaft von *Vivarium* wesentlich dazu bei, den Anspruch aufrechtzuerhalten, dass eine wahre Bildung nicht erlangen könne, wer das Studium der freien Künste vernachlässige.

Woraus Cassiodor – und nach ihm Generationen von Schulmeistern – diesen Anspruch ableitet, begründet er in der Einleitung der *Institutiones*:

„Wissenschaft ist frei von Meinungen und befolgt ihre eigenen, unabänderlichen, keinen Veränderungen unterliegenden Gesetze. Wenn wir den, der Wissenschaft eigenen, von persönlichen Meinungen freien Gesetzen folgen, vertiefen wir unser Verständnis und erheben uns aus dem Sumpf der Unwissenheit. Überdies führt sie uns, vorausgesetzt, wir sind mit den notwendigen Fähigkeiten gesegnet, mit Gottes Hilfe zu herrlichen theoretischen Einsichten" (Jones, L. W., S. 179).

Sie seien aber auch, so Cassiodor weiter, nützlich zum Verständnis der Heiligen Schriften und dürften deshalb keinesfalls vernachlässigt werden.

„Mit gutem Grund raten unsere heiligen Väter allen, die das Studium lieben, die Wissenschaften zu pflegen, da auf diese Weise mit Gottes Hilfe unser Verlangen von den sinnlichen zu den geistigen Dingen gelenkt wird" (Ebd.).

Inhaltlich wird man von den *Institutiones* zum Quadrivium nach Cassiodors eigenen Vorbemerkungen nicht allzu viel erwarten. Zu Beginn wird definiert, was Mathematik ist. Diese Definition ist, mit geringen Abweichungen, für das gesamte Mittelalter maßgebend:

„Ihrem Wesen nach ist die Mathematik die Wissenschaft, die die abstrakte Quantität betrachtet. Als abstrakt bezeichnet man eine Quantität, die wir mit dem Verstand von der Materie und sonstigen zufälligen Momenten ablösen und so im reinen Denken untersuchen. […] Die Mathematik besteht aus den folgenden Teilen: Arithmetik, Musik, Geometrie und Astronomie. Arithmetik ist die Wissenschaft von den zählbaren Größen, für sich betrachtet. Musik ist die Wissenschaft, die von den Maßen [Verhältnissen], die in Zusammenhang mit den Tönen stehen. Geometrie ist die Wissenschaft von den unbeweglichen Größen und den Figuren. Astronomie ist die Wissenschaft von den Bewegungen der Himmelskörper, ihren Formen und ihren Stellungen zueinander und zur Erde" (Ebd.).

Der Abschnitt „Über Arithmetik" beginnt mit der schon von Martianus Capella und Boethius bekannten Einteilung der Zahlen. Erwähnt sei hier nur diejenige in diskrete und kontinuierliche. Die ersten werden charakterisiert als aus Einheiten zusammengesetzt (das sind also die heute sogenannten natürlichen Zahlen) und ohne Bezug auf geometrische Größen. Dagegen ist eine Zahl kontinuierlich, wenn sie eine geometrische Größe repräsentiert, etwa die Länge einer Strecke, das Maß einer Fläche oder das Volumen eines Körpers. Bemerkenswert ist, dass auch die figurierten Zahlen (vgl. 1.1) als kontinuierlich bezeichnet werden. Dies scheint seinen Ursprung in dem schon bei den Römern festzustellenden Missverständnis zu haben, die figurierten Zahlen als Flächeninhalt bzw. Volumen der zugehörigen Figur zu interpretieren. Wie wir noch sehen werden, muss sich noch Gerbert am Ende des 10. Jahrhunderts damit abmühen, diese Verwirrung aufzulösen (vgl. 2.6).

Im Gegensatz zu den genannten früheren Autoren gibt Cassiodor über Definitionen und Zahlenbeispiele hinaus nichts von Belang, insbesondere keinerlei allgemeine Aussagen. Immerhin gibt er aber Hinweise darauf, wo man solche finden kann: bei den Griechen sei es Nikomachos gewesen, der als erster ein ausgezeichnetes Buch über Arithmetik geschrieben habe, welches von Apuleius von Madaura und danach von Boethius ins Lateinische übersetzt worden sei. (Die Übersetzung von Apuleius ist nicht erhalten.) Cassiodor weist darauf hin, dass die Arithmetik den drei anderen Quadriviumswissenschaften vorausgeht, da sie unabhängig von den anderen Bestand hat, während die übrigen ohne Arithmetik nicht bestehen können.

Die Musik wird bei Cassiodor nicht wie sonst üblich, an dritter Stelle nach der Geometrie behandelt, sondern im Anschluss an die Arithmetik. Das ist insofern konsequent, als die Musik im Rahmen des Quadriviums wie die Arithmetik von Zahlen handelt, nämlich – wie Cassiodor sich ausdrückt – von „Zahlen in Bezug auf Klang." Wir behandeln dieses Thema in einem allgemeineren Zusammenhang in Abschnitt 4.2.

Besonders fragmentarisch ist der Abschnitt „Über Geometrie" (Ebd., S. 197), der nur ein Viertel der Arithmetik ausmacht und nicht viel mehr sagt, als dass die Geometrie sich zuerst mit der Vermessung der Erde – daher der Name – und der Abstände der Himmelskörper beschäftigt hat, dass es sich aber eigentlich um die Wissenschaft von den „unbeweglichen Größen und den Figuren" handelt, die ihrerseits eingeteilt werden in ebene und körperliche Figuren, messbare (durch Zahlen ausdrückbare) Größen, ferner kommensurable und inkommensurable Größen. Als griechische Autoritäten werden Euklid, Apollonios und Archimedes angegeben. Es wird darauf hingewiesen, dass der ausgezeichnete Boethius das Werk Euklids ins Lateinische übersetzt hat (es ist nicht erhalten, vgl. 5.3), und „wenn dieses Werk sorgfältig gelesen wird, wird der Stoff, den wir oben in seinen Teilen dargestellt haben, klar und deutlich verstanden."

Während das Reich der Ostgoten nach dem Tode Theoderichs in der zweiten Hälfte des 6. Jahrhunderts zerfiel, herrschten die Westgoten unangefochten über den größten Teil der iberischen Halbinsel. Wie eingangs erwähnt, haben sich hier bedeutende Persönlichkeiten durch ihre Verdienste um eine Nachblüte antiker Wissenschaft und Patristik dauerhaften Ruhm erworben. Überragend war Isidor von Sevilla. Nach dem Tod seiner Eltern von seinem Bruder Leander, Erzbischof von Sevilla, aufgezogen, wurde er dessen Nachfolger im Bischofsamt. Neben seinem umfangreichen kirchlichen und sozialen Engagement ist er vor allem durch seinen unermüdlichen Einsatz für Bildung und Wissenschaft hervorgetreten.

Von Isidors Schriften haben die *Ethymologiae*, lateinisch *Origines* – der Titel deutet darauf hin, dass Isidor besonderen Wert auf Worterklärungen legt – die stärkste Wirkung im Mittelalter und darüber hinaus ausgeübt. Es handelt sich bei diesem Werk um eine Enzyklopädie des weltlichen und geistlichen Wissens der Zeit in 20 Büchern, die in keiner besseren mittelalterlichen Bibliothek fehlen durfte. Als Quellen dienten die spätantiken Kompendien der freien Künste, die Handbücher der Römer sowie die Schriften der lateinischen Kirchenväter.

Die Bücher I bis III enthalten die üblichen Themen der sieben *artes liberales*, wie sie sich bei Martianus Capella und Cassiodor – allerdings ausführlicher als bei diesem – finden; Buch III ist (wie bei Cassiodor) mit *De Mathematica* überschrieben und behandelt dementsprechend die Quadriviumsfächer. Da er inhaltlich nichts Neues bringt, gehen wir hier nicht weiter darauf ein. Es bleibt aber festzuhalten, dass Isidor neben Cassiodor zu einem der Schöpfer der geistigen Grundlagen des Mittelalters wurde.

Mit den enzyklopädischen Kurzdarstellungen Cassiodors und Isidors fand die Überlieferung des antiken Wissens an das westliche Mittelalter ihr vorläufiges Ende. Für mehr als ein halbes Jahrtausend waren die Quellen antiker Gelehrsamkeit zum Schweigen verurteilt. Man mag sich fragen, wie es unter diesen Bedingungen um die Rezeption der von Cassiodor so eindringlich zum Studium empfohlenen Werke stand, ob seine Mahnungen, Studium und Lehre der freien Künste in ihrer Gesamtheit zu pflegen, Früchte getragen haben und gegebenenfalls in welchem Umfang.

2.3 Die Karolingische Erneuerung

Neben der Ausdehnung und Festigung seiner politischen Herrschaft widmete sich Karl der Große (768–814) von Anfang an der Aufgabe, die Einigung des Reiches durch eine geistige Erneuerung zu vervollständigen. Unter den Merowingern hatte am fränkischen Hof bereits eine Art geistiges Zentrum, die sogenannte Hofkapelle, bestanden. Ihre Angehörigen, die sogenannten *capellani*, allesamt Kleriker, hatten ursprünglich die Aufgabe, die *capella*, d. h. den Mantel des heiligen Martin, die zu dieser Zeit wichtigste Reliquie der fränkischen Kirche, zu verwahren. Schon früh fiel ihnen zusätzlich eine führende Position bei der schriftlichen Administration des Reiches zu, da sich die Kenntnis des Schreibens und Lesens fast ausschließlich auf die Angehörigen der Hofkapelle konzentrierte. Zwar hatte Pippin der Jüngere, der Vater Karls des Großen, nach seiner Krönung durch den Papst und nach dem, was er in Italien kennengelernt hatte, diese Hofschule gefördert und mit weiteren Aufgaben betraut, von einem bloßen Ausbau allein konnten aber nicht die Impulse ausgehen, die Karl an die Erneuerung der geistigen Fundamente des Reiches stellte. So machte Karl sich an eine grundlegende Reform der Hofschule. Sie sollte, neben der Erfüllung administrativer Aufgaben, zum Motor einer allgemeinen Bildungsreform werden.

Die einzige Quelle innerhalb des Fränkischen Reiches, aus der Karl bei diesen Bemühungen schöpfen konnte, waren die kirchlichen Bildungseinrichtungen und hier vor allem die Klöster. Obgleich Westeuropa im 6. Jahrhundert bereits von einem dichten Netz von Klöstern überzogen war, sprudelte diese Quelle allerdings nur mäßig.

Das Leben der Mönche war überwiegend nach der Regel des heiligen Benedikt organisiert, in welcher eine Zeitspanne von etwa vier Stunden täglich für Studium und geistliche Lesung vorgesehen ist. Um diese Vorschrift einzuhalten, war es unumgänglich, geeignete Schriften in hinreichender Zahl im Kloster bereitzuhalten und die Mönche soweit in der lateinischen Sprache auszubilden, dass sie die Texte, die durchweg in dieser Sprache abgefasst waren, nicht nur lesen, sondern auch verstehen konnten. In kleineren Konventen konnte die Unterweisung eines Novizen durch einen ihm allein zugeteilten erfahrenen Mitbruder erfolgen, in größeren Konventen musste es dagegen zur Etablierung von Schulen kommen.

Mit Befehlen und Strafandrohungen forderte Karl immer wieder dazu auf, in Klöstern neben den „inneren", dem Mönchsnachwuchs vorbehaltenen Schulen, sogenannte „äußere" Schulen einzurichten, um auch Weltgeistliche und Laien aus dem Aristokratenstand auf eine Tätigkeit vorzubereiten, auf die der Hof nicht verzichten konnte. In welchem Umfang es neben den „inneren" Schulen tatsächlich zur Einrichtung von „äußeren" Schulen kam, ist bis heute umstritten; dass es solche Schulen gab, ist aber nachweisbar. Gleichwohl regte sich in den Klöstern Widerstand gegen die kaiserlichen Anweisungen, da sie, wie viele meinten, mit der monastischen Lebensweise nicht in Einklang zu bringen seien. Auch an Bischofssitzen und sogar in den Pfarreien sollten Schulen eingerichtet werden.

Wenn auch die Wirksamkeit der kaiserlichen Anweisungen fraglich ist, gab es doch eine Reihe von Persönlichkeiten, die durch ihr persönliches Engagement einen allmählichen Gesinnungswandel bewirkten und dadurch ihre Klöster zu Pflanzstätten der Gelehrsamkeit machten. Erwähnt seien hier aus vorkarolingischer Zeit die von irischen Mönchen um 600 gegründeten Klöster Luxeuil in Burgund, Bobbio in Oberitalien und St. Gallen in der Schweiz; ferner aus dem frühen 8. Jahrhundert Reichenau, Fulda, Corbie in der Picardie und Jarrow-Wearmouth in Northumbrien, England. Von einem allgemein verbreiteten regulären Schulbetrieb, von Allgemeinbildung oder gar Wissenschaft in den Klöstern kann trotzdem vorerst keine Rede sein.

So war also Karl darauf angewiesen, die Elite des gesamten Reiches in den Blick zu nehmen. Darüber hinaus versammelte er bedeutende Persönlichkeiten aus Italien, England und Spanien an seinem Hof und begann, die für deren Arbeit notwendigen Strukturen zu schaffen.

Es bildete sich ein lockerer Kreis von gelehrten Persönlichkeiten, die sich dort zeitweise zu Studien aufhielten. Durch ihren Kontakt untereinander und dadurch, dass manche von ihnen einflussreiche Stellungen innehatten oder später erhielten und Kontakte zu anderen Gelehrten pflegten, gewann dieser Kreis eine Ausstrahlungskraft, die weit über den Hof hinaus wirkte. So wurde die *schola palatina*, die Hof- oder Palastschule, alsbald zum Vorbild für alle bedeutenderen Schulen des Reiches.

Die Schule war in Abteilungen gegliedert (vgl. Brunhölzl, S. 246). Eine dieser Abteilungen war die Schreibschule. Hier wurde eine überall lesbare Schrift eingeführt, die sogenannte „karolingische Minuskel", die die regionalen Schriften ersetzte. Dieser Reform ist es auch zu verdanken, dass sich in dem folgenden Jahrtausend in der westlichen Welt eine einheitliche Schrift verbreitete, die der karolingischen Minuskel so ähnlich ist, dass diese noch heute problemlos gelesen werden kann.

Mit der Schriftreform sollte die Bereinigung und Vereinheitlichung der lateinischen Sprache einhergehen. Hierbei war man auf Textvorlagen angewiesen, die Karl in einer Hofbibliothek sammelte. So wurde die Bekanntschaft mit antiken, vornehmlich aber spätantiken Texten gefördert.

Der Schreibschule übergeordnet war eine – wohl weniger umfangreiche – medizinische, und über allen die theologische Abteilung. An unterster Stelle rangierte die Ausbildung in den freien Künsten. Dieser Aufbau der Hofschule sollte für Jahrhunderte der Prototyp aller gelehrten Schulen werden und findet sich noch in den Fakultäten der Universitäten wieder.

Nach dem Einbruch der antiken Kultur in den vorangegangenen Jahrhunderten wurde durch die Hofschule eine Reorganisation antiker Zivilisation in Gang gesetzt, die noch im 9. Jahrhundert zu einer bemerkenswerten Konsolidierung der Kulturbildung führte. In Anerkennung dieser Leistungen spricht man seit dem 19. Jahrhundert auch von der „karolingischen Renaissance". Zwar ist diese mit der Renaissance des 14. und 15. Jahrhunderts nicht vergleichbar, immerhin ist sie das Fundament, auf dem sich im 12. und 13. Jahrhundert ein europäischer Standard von beträchtlicher Kontinuität aufbaute.

Die dominierende Gestalt der Hofschule Karls des Großen war Alkuin (ca. 735–804). Er war in der iro-schottischen Bildungstradition der angesehenen Kathedralschule von York erzogen worden. Hier hatte er studiert und hier wirkte er als Lehrer und Schulleiter, als Karl der Große ihm bei einem Zusammentreffen in der Lombardei das Angebot machte, die Neuorganisation und Leitung der Hofschule zu übernehmen. Karl hatte damit eine gute Wahl getroffen, denn Alkuin galt zu dieser Zeit als der bedeutendste Gelehrte, und die herausragende Stellung der Schule von York, die im Besitz der seinerzeit größten Bibliothek war, war allgemein bekannt. Alkuin kehrte zunächst nach York zurück, machte sich aber alsbald auf den Weg nach Aachen, wo er 782 eintraf.

Während seiner Tätigkeit als Leiter der Hofschule und später (ab 796) als Abt des Klosters St. Martin in Tours entfaltete Alkuin eine ausgedehnte pädagogische Tätigkeit. Neben der theologischen Unterweisung galt sein unermüdlicher Einsatz dem antiken Bildungskanon der freien Künste. Da dieser Kanon nach Alkuins Überzeugung bereits alles wissenschaftlich Erreichbare enthält, sei es nicht notwendig, weitere Forschungen anzustellen. Als vornehmste Aufgabe und oberstes Ziel bleibe, durch Unterweisung das gesamte Wissen zu vermitteln, da es zum Verständnis des Weltganzen notwendig und hinreichend sei. In das Ganze dieser Wissenschaften müsse man von frühester Jugend an eingeführt werden; der notwendige Funke schlummere in jedem Kind und es sei Aufgabe des Lehrers, diesen Funken zum Leuchten zu bringen. Nur über die freien Künste könne man, so Alkuin, auf dem Wege einer Synthese weltlicher und geistlicher Einsichten zuverlässige Erkenntnisse über das Ganze der Schöpfung erwerben.

Alkuin beruft sich dabei auf die Kirchenväter, denen es ohne wissenschaftliche Bildung, d. h. ohne gründliche Kenntnis der freien Künste nicht gelungen wäre, die christliche Wahrheit gegen ihre Gegner zu verteidigen. Deshalb hätten auch sie sich unermüdlich, und keineswegs nur in ihren Mußestunden, mit den freien Künsten beschäftigt. So wundert es nicht, dass Alkuin die freien Künste zur Grundlage seines Bildungsprogramms wählte.

Zum Trivium sind von Alkuin Schriften über Grammatik, Rhetorik und Dialektik überliefert, in denen er immer wieder seine Bewunderung für die antike Kultur zum Ausdruck bringt. Von den Quadriviumsfächern lag ihm besonders die Astronomie am Herzen. Dieser Bereich der angewandten Mathematik lag ihm viel mehr als die abstrakte Zahlentheorie im Sinne des Boethius. Mit seinem Einsatz für die Verbreitung der Kenntnisse, die für die Berechnung des kirchlichen Festtagskalenders, insbesondere des Osterdatums, notwendig sind, entsprach er den wiederholten Anordnungen Karls, in jeder Diözese müsse mindestens ein Geistlicher in der Lage sein, das Datum des Osterfestes zuverlässig zu bestimmen (Wir beschäftigen uns ausführlich damit in 3.5 und 3.6). Außerdem hat er damit eine große Zahl von nachfolgenden Autoren angeregt, sich ebenfalls mit diesem Thema zu befassen.

Ob Alkuin auch über die anderen Fächer geschrieben hat, ist nicht sicher. Auch für die Aufgabensammlung „Mathematik zur Schärfung des Geistes der Jugendlichen", die wir in 3.1 besprechen, lässt sich nicht mit Sicherheit sagen, ob Alkuin ihr Autor ist, wie früher meist angenommen wurde. Dass Alkuin der formalen Ausbildung, die durch das Quadrivium insgesamt gewährleistet wird, einen hohen Stellenwert beimaß, ist unumstritten. Mit seinem Interesse für die Naturwissenschaft, insbesondere für die Astronomie, steht er – gemeinsam mit seinen Lehrern – in der Tradition Bedas. Bemerkenswert ist, dass Alkuin keinen Wert auf die Zahlensymbolik zu legen scheint, ebenso wenig wie Beda, aber im Gegensatz zu allen Vorläufern und vielen seiner Nachfolger (z. B. Hrabanus Maurus, s. u.).

Weder in seinen theologischen Schriften noch in seinen Beiträgen zu den freien Künsten hat Alkuin neue Gedanken entwickelt. Hierin erweist er sich vor allem als Lehrer, nicht als Wissenschaftler. Aus den antiken und patristischen Quellen hat er das Material zusammengetragen, das er benötigte. In einer Reihe programmatischer Schriften hat er Auskunft darüber gegeben, wie der Unterricht aufgebaut sein sollte und welchem Zweck er zu dienen habe, über die Inhalte des Lehrstoffs finden sich aber so gut wie keine Angaben. Alkuin hat dem Unterricht am Hofe und darüber hinaus dem Schulwesen im gesamten Frankenreich überaus wichtige Impulse gegeben.

Wenn auch von einem mit der Hofschule Karls des Großen vergleichbaren Zentrum der Gelehrsamkeit für Jahrhunderte nicht mehr die Rede sein kann, sind die hiervon ausgegangenen Anstöße doch in einer Reihe von Kloster- und Domschulen, in die sich die Bildung im 9. Jahrhundert in den politischen Wirren des Zerfalls des Karolingerreiches zurückzog, auf fruchtbaren Boden gefallen. Karls Söhne Ludwig der Fromme und Karl der Kahle waren bemüht, die „Renaissance" zu erhalten und sogar weiterzuentwickeln. Jedoch zogen Bildung und Wissenschaft mehr und mehr von den Höfen in die Klosterzellen. Ein Beispiel hierfür ist die Benediktinerabtei in Fulda (744 von Bonifatius gegründet) mit ihrem Lehrer Hrabanus Maurus (um 776–856), Alkuins bekanntestem Schüler, wo auch Einhard, der spätere Biograf Karls des Großen, seine Ausbildung empfing.

Als junger Mönch des Klosters Fulda wurde Hrabanus 802 zum Studium nach Tours gesandt. Hier wirkte Alkuin nach seinem Abschied vom Aachener Hof seit 796 als Abt und Leiter der Klosterschule, die er zu einem bedeutenden Bildungszentrum formte. Nach Fulda zurückgekehrt, übernahm Hrabanus die Leitung der dortigen Klosterschule, an der er auch selbst unterrichtete. Durch ihn wurde diese Schule für lange Zeit zur bedeutendsten auf deutschem Boden. Im Jahr 822 wurde Hrabanus Abt des Klosters Fulda, nach 20 Jahren in diesem Amt Erzbischof von Mainz.

Nach Cassiodor, Isidor und Martianus Capella war Hrabanus der Erste, der wieder einen Überblick über die Begriffswelt aller sieben freien Künste bot, und er wurde nicht müde, die hohe Bedeutung zu betonen, die dem Studium dieser Disziplinen zukommt. Titel wie „Über die Ausbildung der Geistlichen", *De clericorum institutione*, zeigen seine pädagogischen Absichten.

Hrabanus vertritt die von Augustinus dem Mittelalter überlieferte Meinung, das Quadrivium müsse schon deshalb studiert werden, weil sonst wichtige Teile der Heiligen Schrift unverständlich blieben. Dementsprechend nehmen die Erklärungen des Symbolgehalts der Zahlen nach ihrem Gebrauch in der Bibel eine prominente Stellung ein. Aber Hrabanus ging noch weiter: Indem er die Arithmetik unmittelbar in Gottes Schöpfungsakt begründet, wird es sozusagen zum Pflichtstudium jedes Christenmenschen und bedarf keiner weiteren Rechtfertigung. Harmonie und Schönheit der Schöpfung kann nur in ihrer zahlenmäßigen Ordnung erkannt werden. Hrabanus fügt sich damit in die patristische Lehre von der symbolhaften Ausdeutung der Zahlen wie auch in die antike Tradition der kosmischen und sublunaren Harmonie ein, die sich in Zahl und Proportion manifestiert. Eine Auswirkung auf die Vermittlung zahlentheoretischer Kenntnisse im Sinne des Boethius hat das allerdings nicht gehabt.

Der Unterricht in Mathematik stand – wie auch bei Alkuin – ganz im Zeichen der kirchlichen Festrechnung. Auf Bitten eines Freundes verfasste Hrabanus daher 820 sein Werk *Liber de computo*. Wie bei den vielen – meist anonymen – Computusschriften der Zeit behandelt Hrabanus neben der eigentlichen Osterrechnung die üblichen Grundbegriffe über die Einteilung der Zahlen, ihre Schreibweisen und Darstellungen als Fingerzahlen sowie die römische Unzenrechnung, die in keinem Computus fehlen durfte.

Insgesamt dürfte der *Liber de computo* ein einigermaßen repräsentatives Bild über die Interessen an den Quadriviumsfächern wie auch über die Unterrichtsinhalte an (bevorzugten) karolingischen Schulen vermitteln.

Die Geistesverwandtschaft Hrabanus' mit seinem Lehrer Alkuin und die Bedeutung beider für die karolingische Bildungsreform charakterisiert Fleckenstein folgendermaßen:

„In der Tat geht durch Leben und Werk Alkuins und Hrabanus ein großer, gemeinsamer Zug, der den Eindruck der besonderen Nähe beider bestimmt: er besteht in der unbedingten Dominanz und der völligen Gleichgerichtetheit ihrer Gelehrsamkeit. Beide waren enzyklopädische Geister, deren Neigung und Begabung auf Sammlung, Ordnung und Vermittlung alles dessen ausgerichtet war, was die *saeculares* und die *sacrae litterae* umspannten. Ihre Neigungen kamen damit dem Grundbedürfnis ihrer Zeit entgegen, die sich auf nichts so sehr wie eben auf die Sammlung, Reinigung und Ordnung der verstreuten Bildungsgüter angewiesen sah. Indem beide diesem Bedürfnis entsprachen, dienten sie gleichsam nacheinander den Reformbemühungen um die Bildung im

Frankenreich, hinter denen der mächtige Wille Karls des Großen stand. So geht ihre Gemeinsamkeit letztlich auf die von Karl inaugurierte Bildungsbewegung zurück – und nicht nur dies: die karolingische Bildungsbewegung setzt sich auch in ihr fort" (Fleckenstein, S. 207).

Abb. IV: Hrabanus Maurus (l.) und Alkuin (Albinus) bei Erzbischof Otgar von Mainz (Fuldaer Handschrift, um 840, ÖNB Wien)

Neue Aspekte in der Bildungsarbeit, die zweifellos als Verdienst und Erfolg der karolingischen Reformbestrebungen anzusehen sind, finden sich schon im 9. Jahrhundert. In erster Linie ist hier der „Iro-Schotte" Johannes Scotus Eriugena (ca. 810–ca. 877) zu nennen. Über sein Leben ist wenig bekannt. Er unterrichtete an der Domschule in Laon hielt sich aber meist am Hof oder im Gefolge Karls des Kahlen auf, der die Tradition der Hofschule seines Großvaters Karls des Großen weiterzuführen versuchte und eine Reihe gelehrter Persönlichkeiten an seinem Hof versammelte.

Johannes führte die Artesstudien über den engen Horizont, der ihnen durch die Programme Cassiodors und Isidors gezogen war, hinaus, indem er Martianus Capellas Kompendium „Die Hochzeit der Philologie mit Merkur" (s. 1.7) seiner Lehrtätigkeit zugrunde legte. Seine Glossensammlung *Annotationes in Martianum Capellam* zeigt, dass er das Martianische Handbuch gründlich studiert und für den Unterricht aufbereitet hat. Dieses Werk hatte – bei all seinen Schwächen – den großen Vorteil, dass es alle sieben freien Künste in einem Umfang behandelte, der inhaltlich substanziell über die genannten Schriften hinausging und dennoch für den Unterricht geeignet schien – im Gegensatz zu den für diesen Zweck viel zu umfangreichen und ausführlichen Einführungen des Boethius, die zudem nur die Arithmetik und die Musik behandeln (vgl. Schrimpf, 1982).

Das Hauptgewicht legte Johannes auf die Logik, also auf den Teil der *artes*, der üblicherweise die Bezeichnung Dialektik führte. Diese erklärte er zur Grundlage und zum Maßstab für jede Arbeit, die den Anspruch der Wissenschaftlichkeit erheben wollte. Er beschränkte sich nicht mehr auf die kritiklose Weitergabe der bekannten Inhalte, sondern forderte zu deren Bearbeitung nach den logischen Regeln auf. Nicht Autoritäten sollten über den Wahrheitsgehalt von Aussagen entscheiden, sondern die vernunftgemäße Überprüfbarkeit.

Dem Vorbild des Johannes, die „Hochzeit" des Martianus Capella in den Unterricht der freien Künste einzuführen, folgten bedeutende Lehrer des 9. Jahrhunderts, von denen hier nur Martin von Laon (819–875) und Remigius von Auxerre (ca. 841–ca. 908) genannt seien, die ebenfalls Martianus-Glossen verfasst und diejenige des Johannes ergänzt haben. Remigius wurde etwa 893 zu einer Reform der Domschule nach Reims berufen, die unter den Normanneneinfällen stark gelitten hatte. Durch sein Wirken trug er wesentlich dazu bei, dass diese Schule in der Folgezeit eine Anzahl von bedeutenden Lehrern und Gelehrten hervorgebracht hat – unter ihnen Gerbert von Aurillac – die, obwohl der Tradition verhaftet, einen neuen Typ mathematisch-naturwissenschaftlicher Bildung repräsentieren. Die Einstellung Alkuins, alles erreichbare Wissen sei bereits im Kanon der freien Künste enthalten, wurde hier endgültig überwunden. Durch Johannes, Martin, Remigius u. a. wurden die Schulen von Laon, Auxerre und Reims zu Zentren der Bildung und Wissenschaft.

2.4 Mathematische Versuche an Kloster- und Domschulen im 9. bis 11. Jahrhundert

Im Verlauf der cluniazensischen Reform des Benediktinerordens, einst Träger der karolingischen Bildungserneuerung, kam es im Zusammenhang mit Bestrebungen zu mehr Innerlichkeit und Askese zu harten Debatten über den Sinn und die Bedeutung der Artesstudien, die auch vor persönlichen Verunglimpfungen nicht haltmachten. So beklagt sich der Mönch und spätere Abt Lupus von Ferrières um 830, dass seine und anderer Zeitgenossen Bemühungen um eine gründliche Bildung als Last empfunden werde und wegen des Mangels an Lehrern – insbesondere für die Fächer des Quadriviums – nur schwer umzusetzen seien (Binding, S. 123).

Von solchen Debatten unbeeindruckt erarbeitete sich im 10. Jahrhundert eine Dame im Kanonissenstift Gandersheim (im heutigen Niedersachsen) – ganz im Sinne der karolingischen Erneuerung Alkuinscher Prägung – Kenntnisse, die sie als eine der gebildetsten Frauen des Mittelalters und erste deutsche Dichterin ausweisen: Hrotsvit von Gandersheim (vgl. Nagel, S. 52). Von ihrem Leben ist kaum etwas bekannt, außer dass eine Nichte Ottos I. des Großen, Äbtissin im Stift Gandersheim, zu ihren Lehrerinnen zählt. Hinterlassen hat sie aber ein reichhaltiges literarisches Werk in lateinischer Sprache, mit dem sie nach eigenem Zeugnis „dem durch süße Rede verführerischen sündigen Inhalt" heidnischer (römischer) Dichtung ein Werk entgegenstellen wollte, aus dem die Überlegenheit christlicher Weisheit erstrahlen sollte. Zu diesem Zweck wollte sie die Großen der Antike mit deren eigenen Waffen schlagen, nämlich den freien Künsten. Dabei zeigt sie, dass sie mit römischen Dichtern ebenso vertraut war wie mit Augustinus, Boethius und Alkuin.

„Und zu wessen Lob könnte diese Wissenschaft würdiger und gerechter betrieben werden als zum Lob dessen, der das Wissbare schuf und uns die Wissenschaft geschenkt hat",

lässt Hrotsvit die Hauptfigur ihres Dramas mit dem Titel „Pafnutius" in einem Lehrgespräch fragen, das sich in neupythagoreischer Art um das Verhältnis der Gesetze des Makrokosmos und ihrer Entsprechungen im Mikrokosmos dreht (Hrotsvita, S. 245f.). Dass sie in den Grundbegriffen der Arithmetik und Musiktheorie bewandert ist, stellt sie in dem Drama „Sapientia" unter Beweis. In Rätselform beantwortet Sapientia die Frage des Kaisers Hadrian nach dem Alter ihrer drei Töchter Fides, Spes und Karitas, um ihm, nachdem er sich als unfähig erwiesen hat, das Rätsel zu lösen, eine Lektion in Zahlentheorie zu geben – womit die Überlegenheit der christlichen Weisheit, die Sapientia verkörpert, erwiesen ist.

Trotz weit verbreiteter Polemik aus dem klösterlichen Bereich gab es auch weiterhin Klosterschulen, in denen die säkularen Wissenschaften gepflegt wurden. Allerdings hing das Renommee einer Schule stark von dem Renommee der Lehrer ab und war demzufolge starken Schwankungen unterworfen.

Bedeutende Klosterschulen waren Bobbio in Norditalien, wo Gerbert lehrte, Corbie in der Picardie, das schon im 9. Jahrhundert ein Mittelpunkt gromatisch-geometrischer Studien geworden war, Lüttich in Lothringen, ein Zentrum geometrischer Forschung im 10. Jahrhundert. Auf deutschem Boden ragten noch im 10. Jahrhundert die alten Schulen von St. Gallen, Fulda, Corvey, St. Maximin in Trier, St. Emmeram bei Regensburg und nicht zuletzt die Klosterschule auf der Reichenau im Bodensee heraus.

Ein hervorragender Lehrer, der Bedeutendes zum Renommee der letztgenannten Schule beigetragen hat, ist Hermann von Reichenau (1013–1044). Trotz einer schweren körperlichen Behinderung, die ihm den Namen Hermann der Lahme oder Hermannus Contractus einbrachte, hinterließ er ein beachtliches Werk. Er schrieb über die Handhabung des Abakus, die Konstruktion einer Sonnenuhr, die Theorie des Monochords und die Funktionsweise des Astrolabs; er gab seinen Schriften Tabellen, Tonleitern und Bauzeichnungen bei. Seine Arbeit ist ein eindrucksvoller Beleg dafür, dass die in karolingischer Zeit noch vorherrschende spekulativ-philosophischen Richtung der Quadriviumsstudien mehr und mehr in den Hintergrund traten, während im ausgehenden 9. und 10. Jahrhundert die Anwendungen an Interesse gewannen und zu Lehrmethoden führten, die auf praktische Fertigkeiten ausgerichtet waren und sich dabei auch verschiedener Apparate bedienten. – Wir stehen am Beginn des Hochmittelalters.

Solche Beispiele, deren Zahl vermehrt werden könnte, ändern nichts daran, dass vom 10. Jahrhundert an die Abwanderung der Bildungszentren von den ländlichen Klosterschulen in die städtischen Kathedralschulen nicht mehr aufzuhalten war. Mit der Konsolidierung der politischen Verhältnisse durch Otto I. den Großen um die Mitte des 10. Jahrhunderts wurde dieser Umschwung im Bildungswesen unumkehrbar. Otto der Große und seine beiden Nachfolger intensivierten den Ausbau der Domschulen, um fähiges Personal für die Reichskirche auszubilden.

Einen Einblick in die Organisation des Unterrichts einer Kathedralschule in der zweiten Hälfte des 9. Jahrhunderts gibt uns Walther von Speyer in seinem *Libellus scolasticus*. Diese Schilderung ist deshalb von besonderem Wert, weil sich die wichtigsten Kathedralschulen bis ins 11. Jahrhundert in etwa diesem Plan anschlossen (vgl. Binding, S. 130). Demnach begann der Unterricht mit einem etwa zweijährigen

Grundkurs in Lesen, Schreiben, liturgischem Gesang und Latein, gefolgt von einem etwa vierjährigen Mittelkurs, in dem grammatische und literarische Studien dominierten. Die übrigen *artes* und damit die eigentlich wissenschaftlichen Studien waren einem mindestens zweijährigen Oberkurs vorbehalten.

Wir wenden uns nun einigen Beispielen zu, die zeigen, dass in den Domschulen des 11. Jahrhunderts Bestrebungen im Gange waren, die Mathematik aus vereinzelten Zusammenstellungen heraus wieder zu einer beweisenden Wissenschaft zu machen. Es war ein unbeholfener Anfang, aber es war ein Anfang. Das wachsende Interesse, über die zunehmend als allzu spärlich empfundenen Quellen hinaus neue Einsichten zu gewinnen, wird vollends deutlich, wenn wir bedenken, mit welcher Leidenschaft und Wissbegierde sich die Magister in diesem und dem nächsten Jahrhundert an die Übersetzung und das Studium der von den Muslimen in Spanien zurückgelassenen antiken Quellen machten (vgl. Kap. 5).

Beginnen wir mit der Domschule zu Lüttich. Hierher, oder jedenfalls in das Gebiet Lothringens, führt uns die Spur eines der wichtigsten Kompendien der Geometrie vor den Euklid-Übersetzungen des 11. und 12. Jahrhunderts. Es handelt sich um zwei verschiedene Versionen einer Geometrie, die in den Handschriften beide dem Boethius zugeschrieben werden und deshalb heute als „Boethius Geometrie I" und „Boethius Geometrie II" bezeichnet werden. Die Verfasser beider Werke sind unbekannt, sicher ist es aber in keinem Fall Boethius selbst; es spricht einiges dafür, dass es sich bei der „Geometrie II" um Franco von Lüttich handelt, von dem weiter unten noch die Rede sein wird; sicher ist es aber nicht.

Das Werk, bestehend aus zwei Büchern, entstand zwischen 1025 und 1050. Der überwiegende Teil ist der Geometrie gewidmet. Als Quellen dienten dem anonymen Kompilator Teile der – offenbar schon seit langem verlorenen – Euklid-Übersetzung des Boethius. Zusätzlich zur „Geometrie I" finden sich die Beweise der Propositionen 1 bis 3 aus Buch I der „Elemente", nämlich 1. über einer gegebenen Strecke ein gleichseitiges Dreieck zu errichten, 2. an einen gegebenen Punkt eine, einer gegebenen Strecke gleiche Strecke anzulegen, und 3. bei zwei gegebenen ungleichen Strecken die kleinere auf der größeren abzutragen. Die Beweise, die wir hier nicht ausführen, stimmen – ebenso wie der Wortlaut der Propositionen – mit den heute üblichen Versionen überein.

Neben den Auszügen aus Euklids „Elementen" gibt es in der „Geometrie II" noch einen gromatischen Teil, der auf den schon der „Geometrie I" zu Grunde liegenden Agrimensorenschriften basiert. Ein weiterer Teil behandelt das Rechnen mit dem Abakus nach Gerbertschem Vorbild (vgl. 2.5 und 3.8). Dass sich in einem Kompendium der Geometrie eine Anweisung für das Rechnen mit dem Abakus findet, ist für uns heute überraschend, war im Mittelalter aber weit verbreitet. Der Grund liegt wohl darin, dass nach Martianus Capella die „Staubtafel", der Vorläufer des Rechenbretts, außer für das Zahlenrechnen auch für das Zeichnen von Figuren und für die Ausführung von geometrischen Berechnungen benutzt wurde.

Die beiden „Boethius"-Versionen waren – wie schon erwähnt – bis zum Auftreten vollständiger Euklid-Übersetzungen aus dem Arabischen im 11. und 12. Jahrhundert die einzigen Quellen, aus denen man Geometrie lernen konnte. Trotz ihrer Unzulänglichkeiten waren sie sogar danach noch in Gebrauch, und die Euklid-Auszüge fanden noch Eingang in die Bearbeitungen der Euklid-Übersetzung des Adelard von Bath, der ersten vollständigen Version der „Elemente" in lateinischer Sprache (vgl. 5.2 und 5.3). Erst nach dem 13. Jahrhundert fand die Tradition der „Boethius"-Geometrien ihr Ende.

In der Folgezeit sind zunehmend Versuche zu beobachten, zu einem tieferen Verständnis der vorhandenen Schriften zu gelangen und über das bloße Rezipieren hinaus zum eigentlichen Kern der Mathematik, dem Beweis, vorzustoßen. Wer tiefer in das Quadrivium eindringen wollte, hatte allerdings mit nicht unerheblichen Schwierigkeiten zu kämpfen, wie die folgenden, für diese Zeit typischen Beispiele belegen. Da in den zur Verfügung stehenden Werken keine Beweise zu finden sind, musste man hier wieder von ganz vorn anfangen.

Einen eindrucksvollen Beleg hierfür finden wir in einem Brief des oben erwähnten Abtes Lupus von Ferrières aus dem Jahre 836. Da Lupus einige Stellen in Boethius' *Institutio Arithmetica* unverständlich waren, wandte er sich mit der Bitte um Aufklärung in drei Punkten an den Mönch Einhard aus Seligenstadt (ein Antwortschreiben ist nicht erhalten). In der ersten Frage ging es – in heutiger Ausdrucksweise – um die „Teilung" einer Zahl a in n gleiche Teile:

$$a = n \cdot b = b + b + \ldots + b \ (n \text{ mal}).$$

Lupus verstand nicht, was Boethius damit meinte (Buch I, Kap. 4), dass die Anzahl n der Teile umso größer ist, je kleiner der Teil b ist. Die zweite Frage bezog sich auf die Einteilung der Verhältnisse (Buch I,

Kap. 31.4). Lupus verstand auch nicht, warum 8 ein zweifacher *super-bipartiens* von 3 ist, was nichts anderes bedeutet, als dass $8 = 2 \cdot 3 + 2$ (*l* heißt *m*-facher *superbipartiens* von *k*, wenn $l = m \cdot k + 2 \cdot t$ mit einem Teiler *t* von *k*, vgl. 2.1). Die dritte Frage bezog sich auf Kubikzahlen als figurierte Zahlen.

Nach Illmer haben solche Verständnisschwierigkeiten in erster Linie sprachliche Ursachen. Auf Grund der einseitigen Schulung im Latein der Kleriker an Hand biblischer und patristischer Texte sei man kaum noch imstande gewesen, den antiken Begriffsapparat eines Boethius zu verstehen (Illmer, S. 44). Erschwerend kommt hinzu, dass die Formulierungen des Boethius häufig weitschweifig sind und den Sachverhalt nicht selten mehr verschleiern als erhellen.

Ein weiteres Beispiel finden wir in einem anonymen Traktat aus der ersten Hälfte des 11. Jahrhunderts, der nach Borst aus der Lütticher Schule stammt (vgl. Borst, S. 98 und Hofmann, 1942). Der Autor will den Satz beweisen, dass die Winkelsumme im Dreieck gleich zwei Rechten ist. Wie aber addiert man Winkel? Die flächenhafte Vorstellung legt es nahe, die Winkel aneinander zu legen. Hierzu wird in der Abhandlung zunächst ein Konstruktionsverfahren angegeben, wie man einen gegebenen Winkel an eine Gerade anlegt; die Methode unterscheidet sich nicht wesentlich von der uns geläufigen. Um nun die Summe der Innenwinkel eines Dreiecks zu finden(!), werden nach dieser Methode die Winkel aneinandergelegt, um dann gleichsam auszuprobieren, ob sie zusammen einen gestreckten Winkel ergeben.

Man wird nicht erwarten, dass hier ein Beweis in unserem oder im euklidischen Sinne geführt wird; aber es ist ein heuristischer Beweis. „Augenscheinlich" liefert die Zeichnung stets einen gestreckten Winkel. Tatsächlich steckt mehr der Gedanke des Messens als der des Beweisens dahinter. Auf diese Weise *findet* man Aussagen; Beweise bleiben zu führen. Was aber bedeutet „beweisen", wenn man kein geordnetes System von Sätzen und Definitionen hat? Man sieht sich bei solchen Arbeiten in die Zeit des Thales versetzt und an die frühen Pythagoreer erinnert.

Aufschlussreich für den Kenntnisstand und die Bemühungen, sich nicht mit unverstandenen Begriffen zufriedenzugeben, ist auch ein Briefwechsel, der um das Jahr 1025 zwischen einem gewissen Ragimbold von der Kölner Domschule und einer (ebenfalls sonst unbekannten) Person namens Radulph aus der Domschule zu Lüttich geführt wurde. In diesem Briefwechsel, der als „Winkelstreit" in die Literatur eingegangen ist, geht es ebenfalls um die Frage, warum die Winkelsumme im Dreieck gleich zwei Rechten ist. Radulph liefert dazu ein akzeptables Argument für den Fall eines gleichschenkligen Dreiecks. In diesem Zusammenhang tritt die Frage auf, was Boethius mit den Begriffen „Innenwinkel" (*angulus interior*) und „Außenwinkel" (*angulus exterior*) meint. Bezieht sich der erste auf ebene, der zweite auf körperliche Winkel? Radulph lehnt das ab und meint, beim ersten handele es sich um einen spitzen, beim zweiten um einen stumpfen Winkel; vergleicht man nämlich einen Winkel mit einem Rechten, der mit dem gegebenen Winkel einen Schenkel gemeinsam hat, so liegt der andere Schenkel beim spitzen Winkel *inner*halb, beim stumpfen Winkel *außer*halb des Rechten (man erkennt hier wieder die flächenhafte Vorstellung des Winkelbegriffs). Die Verwirrung ist groß, und der Briefwechsel bricht ab, ohne dass Gewissheit erzielt worden wäre.

Der bedeutendste Vertreter der Lütticher Schule war Franco der ab 1066 der Kathedralschule vorstand; er starb 1083 in Lüttich. In seinem Werk *De quadratura circuli* behandelt er dem Titel entsprechend die alte Frage der Quadratur des Kreises (Folkerts, Smeur, 1976). Franco berichtet über verschiedene Methoden, die seiner Meinung nach allesamt falsch sind, dass nämlich die Quadratseite das $\frac{7}{8}$-Fache des Kreisdurchmessers sei – das entspricht (in unserer Bezeichnung) etwa $\pi = 3$ – oder dass π den Wert $3\frac{1}{8}$ oder 4 habe. Franco stellt nun die wichtige Frage, was man eigentlich unter der Gleichheit von Flächen zu verstehen habe. Er unterscheidet zwischen „zahlenmäßiger" und „konstruktiver" Gleichheit. Dass es Fälle gibt, bei denen man nicht beides haben kann, zeigt er am Kreis nach einer Methode, die auch Kepler angewandt hat: Der Umfang U eines Kreises vom Radius r wird in n gleiche Teile geteilt, diese Punkte werden mit dem Mittelpunkt verbunden und die entstehenden „Dreiecke" zu einem Rechteck mit den Seiten r und $\frac{U}{2}$ zusammengelegt (statt des Kreises wird also ein reguläres n-Eck berechnet). Franco macht diese Überlegung freilich nicht mit beliebigen Zahlen n und d, sondern mit $n = 44$ und $d = 14$. Nach Meinung Francos ist damit gezeigt, dass der Kreis mit einem Rechteck „konstruktiv" gleich, also „konstruktiv quadrierbar" ist, dass es aber keine rationale Zahl gibt, deren Quadrat gleich dem Flächeninhalt eines Kreises ist. Allerdings legt er hierbei für π den Archimedischen Wert $3\frac{1}{7}$ zu Grunde und beweist – wenn auch unvollständig – dass $\sqrt{\frac{22}{7}}$ nicht rational ist.

Erwähnenswert ist Francos ausgezeichnete Näherung für $\sqrt{2}$. Er zeigt, dass sie zwischen $1+\frac{59}{144}$ und $1+\frac{60}{144}$ liegt. Auf fünf Dezimalstellen umgerechnet bedeutet dies $1{,}40972 < \sqrt{2} < 1{,}41633$.

Die Beispiele werfen ein Schlaglicht auf den Stand der Kenntnisse und die Arbeitsweise der Magister. Die Methode des Exzerpierens aus Sammelwerken, in denen weder Beweise noch ein irgendwie gearteter deduktiver Aufbau zu finden war, stand einer systematischen Einführung in die Mathematik entgegen. Schon im frühen Griechenland hatte man die Notwendigkeit einer systematischen Darstellung erkannt und diese auch ausgeführt, und erst dadurch war man in die Lage versetzt worden, Beweise zu führen.

Lüttich und Köln haben sich im 11. Jahrhundert zu Zentren geometrischer „Forschung" herausgebildet. Dass Ragimbold selbst von Köln nach Lüttich übersiedelte, kann als Indiz dafür gewertet werden, dass der Ruf der Domschule in Lüttich den der Kölner Schule übertraf.

2.5 Lernen in der spanischen Mark – Gerbert von Aurillac

Unter den Gelehrten, die sich um die Jahrtausendwende in den Quadriviumsfächern um einen Neuanfang bemüht haben, ragt einer wegen seiner Universalität und Kreativität sowohl in der Lehre als auch in der Forschung deutlich hervor: Gerbert von Aurillac.

Sein Geburtsdatum ist ungewiss, es liegt zwischen 930 und 945. Die erste Ausbildung erhielt er im Benediktinerkloster in Aurillac in der Auvergne. 967 schickte ihn sein Lehrer in die Benediktinerabtei in Ripoll, nördlich von Barcelona in der spanischen Mark. Hier hielt er sich zwei oder zweieinhalb Jahre auf, um seine Studien in den Quadriviumsfächern, die in Aurillac nur schwach vertreten waren, fortzuführen und zu vertiefen. Ob er hier auch arabische Mathematik kennengelernt hat, ist nicht sicher; immerhin gibt es einige Indizien, die dafür sprechen (vgl. 3.8).

Auf einer Romreise, bei der er in Kontakt mit Otto I. und dem Reimser Logiker Gerannus kam, eröffnete sich für Gerbert die Möglichkeit, seine Studien an der Kathedralschule in Reims zu Ende zu führen. Danach übernahm er die Leitung dieser Schule, die sich fortan zu einer der bedeutendsten ihrer Zeit entwickelte. Vor allem seine Verdienste um die

Etablierung des Quadriviums im Unterricht haben seinen herausragen-
den Ruf als Lehrer begründet. Von Zeitgenossen wird berichtet, dass der
Andrang von Schülern zeitweise so groß war, dass er einen Teil abwei-
sen musste.

Gerbert war mit den klassischen Texten und Unterrichtsmethoden
vertraut, blieb aber dabei nicht stehen. Neu war insbesondere seine
Lehrmethode mithilfe von Instrumenten, wo immer sich die Möglichkeit dazu bot. Durch seine Unterrichtstätigkeit und sein Vorbild, das
auch in anderen Kathedralschulen seine Spuren hinterließ; durch seine
Briefe, Bücher und das Sammeln und Verbreiten wissenschaftlicher
Werke seiner Vorgänger hat er zweifellos die Stellung der mathema-
tisch-naturwissenchaftlichen Bildung seiner Zeit gestärkt.

Ende 981 hielt Gerbert sich am Hof Otto II. in Ravenna auf. Er
wurde zum Abt des Klosters St. Columban in Bobbio (Norditalien)
ernannt, ging aber wegen politischer Schwierigkeiten in diesem Amt
schon 983 nach dem Tod Ottos II. wieder nach Reims zurück. Hier
nahm er seine unterbrochene Lehrtätigkeit wieder auf. Im Jahr 996 wurde
er an den Hof Ottos III. eingeladen, um diesen auf seinen Wunsch hin
mit der griechischen Wissenschaft bekannt zu machen. Gerbert scheint
dem Kaiser daraufhin Unterricht in Arithmetik – wahrscheinlich nach
Boethius' *Institutio Arithmetica* – erteilt zu haben.

Nach diesen wenigen biografischen Notizen über ein ungemein
bewegtes Lebens wenden wir uns nun einigen Hinterlassenschaften
Gerberts zu, soweit sie die Quadriviumsfächer betreffen (zum Abakusrechnen s. nächsten Abschnitt).

In der Zahlentheorie bezieht Gerbert sich an mehreren Stellen auf
Boethius' *Arithmetica*. Bekannt geworden ist sein Beitrag zu § 1 des
zweiten Buches, dem sogenannten „Gerbertschen Sprung" oder *saltus
Gerberti*. Dabei handelt es sich um Folgendes: Boethius gibt eine Methode an, „wie jede Ungleichheit auf Gleichheit zurückgeführt werden
kann." Damit ist gemeint, dass eine dreigliedrige geometrische Folge a,
b, c natürlicher Zahlen mit $b : a = c : b$ nach gewissen Regeln auf die
Folge 1, 1, 1 zurückgeführt werden kann. Boethius hat aber an keinem
Beispiel gezeigt, wie dies geschehen soll. Die Regeln, die Boethius
angibt, sind

1) aus a, b, c bilde a, $a + b$, $a + 2b + c$,
2) aus a, b, c bilde a, $b - a$, $a - 2b + c$ (falls diese Glieder positiv
   sind).

Für Gerbert wurde das Problem wohl dadurch interessant, dass er von vergeblichen Versuchen gehört hat, diese Lücke auszufüllen; er bemerkt nämlich zu Beginn seiner Ausführungen, in denen er den Lösungsweg präsentiert, dass er ein Problem lösen werde, das von allen für unlösbar gehalten werde.

Seine Methode demonstriert er an dem Beispiel der Folge 16, 20, 25, deren Quotient ein *sesquiquartus* ist: Auf 16, 20, 25 wird zunächst die zweite Regel angewandt, man erhält 16, 4, 1; Umkehrung ergibt 1, 4, 16, einen *quadruplex*. Nun liefert die zweite Regel den *triplex* 1, 3, 9. Umkehrung ergibt 9, 3, 1, woraus schließlich durch Anwendung der ersten Regel der *sesquitertius* 9, 12, 16 folgt. Wendet man nun das gleiche Prozedere in der gleichen Reihenfolge auf 9, 12, 16 an, kommt man, wie verlangt, zu einem *sesquialter*, und von diesem nach Umkehrung und Anwendung der zweiten Regel zu 1, 1, 1.

Damit ist für Gerbert dieses Problem „im Sinne von Boethius", wie er sagt, gelöst. Besonders wichtig ist ihm dabei – und er hebt es mehrmals hervor – „[…] dass der Prozess *nec confuse, sed ordinate*, durch systematisches Vorgehen nach einer präzisen Vorschrift durchgeführt wird, wodurch mit Hilfe gedanklicher Klarheit und Disziplin gleichsam aus den Zahlen das herausgeholt wird, was in ihnen angelegt ist, und so die wahre Natur der Zahlen aufgedeckt wird" (Lindgren, S. 13).

Was steckt – in heutiger Terminologie – hinter den Regeln des Boethius und insbesondere hinter der Gerbertschen Lösung?

Wir gehen von einer geometrischen Folge a, b, c mit dem Quotienten $q = b : a = c : b > 1$ aus. Es gilt dann $b = qa$ und $c = q^2 a$, also folgt aus der ersten Regel

$$a + b = (q+1)a \text{ und } a + 2b + c = (q+1)^2 a \,.$$

Bei der zweiten Regel folgt analog

$$b - a = (q-1)a \text{ und } a - 2b + c = (q-1)^2 a \,.$$

Die Anwendung der Regeln bedeutet also nichts anderes als den Übergang von einer geometrischen Folge mit dem Quotienten $q > 1$ zu einer solchen mit Quotient $q + 1$ bei der ersten Regel und $q - 1$ bei der zweiten Regel.

Verfolgt man nun die einzelnen Schritte des obigen Beispiels, und startet beispielsweise mit einem beliebigen *superpartikularen* Verhältnis

$$q = \frac{n+1}{n} \,,$$

so erhält man nach der Gerbertschen Methode am Ende das *superparti-kulare* Verhältnis

$$\frac{1}{2 - \dfrac{n+1}{n}} = \frac{n}{n-1}$$

der nächstniedrigen Stufe. Im Fall eines *sesquialters*, d. h. $q = 3/2$, endet das Verfahren bei

$$(q-1)^{-1} - 1 = 1.$$

Wie schon erwähnt, bewegt Gerbert sich mit seinen zahlentheoretischen Untersuchungen ganz in der antiken Gedankenwelt. Dies zeigt sich auch in verschiedenen Briefen, in denen er sich über die Bedeutung des Quadriviums äußert. Eine symbolhafte Auslegung der Zahlen in pythagoreischer Tradition, wie man sie bei Martianus Capella und Cassiodor findet, ist bei ihm aber nicht festzustellen.

Auf dem Gebiet der Geometrie ist von Gerbert eine Einführung erhalten, die zwischen 980 und 982 geschrieben wurde. Die einzige Edition (Bubnov 1963, S. 46–97) ist umstritten, gibt aber sicher nur einen Teil des ursprünglichen Textes wieder. Das Werk zeigt keinerlei arabischen Einfluss, lehnt sich vielmehr an die euklidische Tradition und die römischen Agrimensorenschriften an. Beweise gibt es nicht, dafür aber viele Zahlenbeispiele. Geometrie dient der „Schärfung des Geistes". In systematischer Weise werden, von den Grundbegriffen ausgehend, die Maßeinheiten, die ebenen Figuren und die damit zusammenhängenden Begriffe (Umfang, Fläche, Winkel u. a.) sowie die Arten der Dreiecke und Vierecke behandelt (vgl. Gericke Teil 2, S. 75 und Lindgren, S. 24).

In Briefen nimmt Gerbert gelegentlich Stellung zu geometrischen Problemen. Wir erläutern hier eine Stelle aus einem Briefwechsel (zwischen 983 und 997) Gerberts mit dem Mönch Adelbold von Utrecht, indem die folgende Frage behandelt wird (vgl. Bubnov, S. 43–45 und Juschkewitsch, S. 339f.): Nimmt man in einem gleichseitigen Dreieck der Seitenlänge 7 für die Höhe den angenäherten Wert 6 an (zum Vergleich: $\sqrt{7^2 - 3{,}5^2} = \sqrt{36{,}75} \approx 6{,}144$), so ergibt sich der Flächeninhalt 21. Der Wert der siebten Dreieckszahl ist aber

$$\frac{1}{2} \cdot 7 \cdot (7+1) = 28.$$

Wie wir schon in 1.3 erwähnt haben, findet sich bereits in den Agrimensorenschriften die Ansicht, der Flächeninhalt eines regelmäßigen n-Ecks mit der Seitenlänge k sei gleich der k-ten n-Eckszahl. Dieser scheinbare Widerspruch brachte Adelbold in Verlegenheit (von einem Römer ist derartiges nicht überliefert). Gerbert erklärt die Diskrepanz sinngemäß wie folgt (vgl. Abb. V): Die „Einheitsquadrate", die das Dreieck überdecken, repräsentieren die 7. Dreieckszahl. Der Inhalt dieser Treppenfläche ist also 28. Man sieht aber leicht, dass die Dreiecksfläche um 7 Einheitsquadrate kleiner ist.

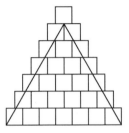

Abb. V: Gerberts Argument gegen Gleichsetzung von Dreieckszahl und Flächeninhalt

Einen besonderen Stellenwert in Gerberts Lehrtätigkeit nahmen die beiden Quadriviumsfächer Musik und Astronomie ein. In der Musik handelte es sich dabei natürlich um die mathematische Theorie, also die Proportionenlehre; auf eine praktisch-musikalische Tätigkeit Gerberts kann aus den Quellen jedenfalls nicht geschlossen werden. Gerbert stand dabei ganz in der pythagoreischen Tradition, wie sie sich in den „Fünf Büchern über Musik" des Boethius findet. Für seinen Unterricht benutzte er das dort beschriebene Monochord, an dem man die Proportionen gleichsam hörbar machen kann. Hierin kommt eine wichtige Seite des Gerbertschen Schaffens zum Ausdruck: die Überwindung rein spekulativer Arbeits- und Unterrichtsweise hin zur Einbeziehung von Demonstrationen mittels Instrumenten. Am deutlichsten wird dies in seinen astronomischen Unterweisungen.

Die Astronomie ist diejenige Disziplin (evtl. neben dem Rechenbrett), die durch Gerberts Aufenthalt in der spanischen Mark arabische Einflüsse aufweist. Sie scheint Gerbert am meisten beschäftigt zu haben und die Quellen hierzu sind reichhaltiger als die zu den anderen Fächern. Demnach hat Gerbert nicht nur bekannte Instrumente wie Astrolab und Armillarsphäre benutzt, er hat auch neuartige entwickelt, um die Qualität der Beobachtungen und Ausmessungen des Sternhimmels – Tätigkeiten, die er besonders liebte – zu verbessern (vgl. Lindgren, S. 28ff.). Auch dadurch war er seiner Zeit beträchtlich voraus.

Trotz der insgesamt spärlichen Informationen der Quellen kann man das Besondere an Gerberts Studien mit einiger Gewissheit erkennen. Nach Lindgren (Ebd., S. 59) besteht es u. a.

„[…] in der sachlichen Art und Weise, mit der er die Gegenstände des Quadriviums behandelt; in dem Eifer, mit dem er sich für Mathesis-Probleme um ihrer selbst willen interessiert; in den substanziell neuen Kenntnissen und Anregungen, die er auf seiner Reise in die spanische Mark empfing" und schließlich „[…] im mathematischen Abstraktions-vermögen d. h. in der Fähigkeit, über die allgemein verbreitete Kasuistik hinauszukommen und dadurch wieder Zugang zu antiken Schriften zu haben."

Über weitere Persönlichkeiten des 10. Jahrhunderts mit einer, der Gerbertschen vergleichbaren mathematisch-naturwissenschaftlichen Bildung geben die Quellen nur wenig Auskunft. Jedoch

„[…] lassen es die reichen Bibliothekskataloge von Lorsch, Reichenau, St. Gallen, Bobbio etc., um nur die größten Schätze zu nennen, […] es geradezu unglaublich erscheinen, dass so wenig aus den dort vorhandenen Büchern gelernt und gelehrt worden sein sollte" (Ebd., S. 58).

Bleibt nachzutragen: Im Jahr 998 wurde Gerbert von Otto III. zum Erzbischof von Ravenna ernannt, 999 wurde er unter dem Namen Sylvester II. Papst (Papst Silvester I. war Berater von Kaiser Konstantin). Am 12. Mai 1003 starb er – ein Jahr nach Otto III. – in Rom.

3. Rechnen, Messen, Zahlenspiele

3.1 *Mathematik zur Schärfung des Geistes* – Eine karolingische Aufgabensammlung

„Ein Mann musste einen Wolf, eine Ziege und einen Kohlkopf über einen Fluss bringen und konnte nur ein Schiff finden, das nicht mehr als zwei Gegenstände tragen konnte. Es war ihm aber vorgeschrieben, dass er sie alle unverletzt hinüberbringen sollte. Sage, wer es kann, wie er sie alle unverletzt hinüberbringen konnte."

Dieses „mittelalterliche Transportproblem" ist wohl eine der bekanntesten Denksportaufgaben. Die Herkunft des Problems liegt im Dunkeln. In Westeuropa tritt es zum ersten Mal auf in einer Sammlung mathematischer Aufgaben mit dem Titel *Propositiones ad acuendos iuvenes* (im Folgenden kurz *Propositiones* genannt), übersetzt etwa „Aufgaben zur Schärfung des Geistes der Jugendlichen". Lange Zeit wurde diese Aufgabensammlung als ein Werk Alkuins von York angesehen, des Gründers und langjährigen Leiters der Hofschule Karls des Großen (vgl. 2.3), was heute für eher unwahrscheinlich gehalten wird. Mit ziemlicher Sicherheit kann aber gesagt werden, dass es zur Zeit Alkuins im Umfeld der Aachener Hofschule verfasst worden ist. Demnach handelt es sich um die älteste Aufgabensammlung dieser Art in lateinischer Sprache (vgl. Folkerts 1978 und Folkerts/Gericke).

Mathematische Aufgabensammlungen zusammenzustellen, ist zur Zeit Alkuins nicht neu. Man findet das bei den Babyloniern, Ägyptern und im islamischen Kulturkreis ebenso wie bei den Römern und allgemein in der spätantiken Welt. Meistens entstehen solche Sammlungen im Zusammenhang mit der Herausbildung eines Schul- oder Übungsbetriebs, wo auf die Bewältigung von Aufgaben der Praxis vorbereitet werden soll. Es ist dann Aufgabe des Lehrers, Übungsmaterial bereitzustellen, das den Schülern eine hinreichend breite Grundausbildung vermittelt, mit der er auf praktische Anforderungen im späteren Leben sachkundig und flexibel reagieren kann. Dass die *Propositiones* auch mit dieser Absicht zusammengestellt wurden, dafür gibt es, wie wir noch sehen werden, einige Indizien. In erster Linie wird aber der Zweck der Sammlung darin bestehen, ohne Blick auf praktischen Nutzen durch die Übungen in einem allgemeineren Sinn „nur" den Verstand zu schärfen, wie es im Titel heißt, und das logische Denken zu schulen. Dafür spricht auch, dass unser Text fast ausnahmslos unterhaltsam verpackte Fantasieaufgaben mit vollständigen Lösungen präsentiert, aber – mit einer Ausnahme – keine Lösungswege.

Die Ausnahme ist die Aufgabe „von einer Leiter mit 100 Sprossen":

> „Eine Leiter hat 100 Sprossen. Auf der ersten Sprosse saß eine Taube, auf der zweiten Sprosse 2, auf der dritten 3, auf der vierten 4, auf der fünften 5, und so auf jeder Sprosse bis zur hundertsten. Sage, wer es kann, wie viel Tauben es im Ganzen waren."

Wer denkt dabei nicht sofort an die Formel

$$1+2+3+...+n=\frac{1}{2}n(n+1)$$

(hier mit n = 100)? Diese Regel war bereits den frühen Pythagoreern bekannt und auch den Römern; dem Autor unseres Textes dagegen nicht.

> „Rechne so: Von der ersten Sprosse, auf der 1 Taube sitzt, nimm diese weg und setze sie zu den 99 Tauben, die auf der 99. Sprosse sitzen, dort sind es dann 100. Ebenso [setze die Tauben] von der 2. Sprosse zu [denen von] der 98. Sprosse, und du findest wieder 100. So verbinde immer eine von den oberen Sprossen mit einer von den unteren, und du wirst auf beiden Sprossen immer 100 Tauben finden. Die 50. Sprosse aber bleibt allein und hat keine entsprechende. Fasse alles zusammen und du findest 5050 Tauben."

Gerechnet wir also 49 · 100 + 50 + 100 (ein Indiz dafür, dass die o. g. Summenformel nicht bekannt war). Hätte der Autor die Taube von der ersten Sprosse auf die 100. Sprosse gesetzt, die von der zweiten Sprosse auf die 99. usw. bis zur Umsetzung der Tauben von der 50. auf die 51. Sprosse, so hätte er nur 50 · 101 rechnen müssen und hätte – vielleicht – die obige Formel neu erfunden.

Insgesamt enthält die Aufgabensammlung 56 „Propositionen". Den größten Block bilden Probleme, die (in unserer Terminologie) auf Gleichungen mit einer oder mehreren Unbekannten führen (22 Aufgaben). Dieser Aufgabentypus findet sich in den Hinterlassenschaften aller alten Hochkulturen und konnte von diesen – zumindest im Fall einer Unbekannten – gelöst werden. Eine solche Aufgabe mit drei Unbekannten, dieses Mal in „klerikaler Einkleidung", ist die „von einem Bischof, der 12 Brote an den Klerus verteilen lässt":

„Ein Bischof lässt 12 Brote an den Klerus verteilen. Er ordnet an, dass jeder Presbyter 2 Brote, jeder Diakon 1/2 und jeder Lektor 1/4 Brot bekommen soll. Dabei soll die Zahl der Kleriker und die Zahl der Brote gleich sein. Sage, wer kann, wie viel Presbyter, Diakone und Lektoren es sein müssen."

Lösung: „5 mal 2 sind 10, d. h. 5 Presbyter erhalten 10 Brote, ein Diakon erhält 1/2 Brot, und 6 Lektoren erhalten 3/2 Brote. Zähle zusammen 1 und 5 und 6, es sind 12. Wiederum zähle zusammen 10 und 1/2 und 3/2, es sind 12 Brote. Es sind also 12 Personen und 12 Brote. Die Zahl der Kleriker und der Brote ist dieselbe."

Wir können das so verifizieren: Ist x die Zahl der Presbyter, y die Zahl der Diakone und z die Zahl der Lektoren, so muss sein: $x + y + z = 12$, $2x + 1/2y + 1/4z = 12$. Multipliziert man die zweite Gleichung mit 4 (man vermeidet so die ungeliebte Bruchrechnung) und subtrahiert davon die erste, so bleibt $7x + y = 36$, was offenbar $x = 5$, $y = 1$ als Lösung hat; hieraus folgt weiter $z = 6$. Dies ist, wie man sich leicht überlegt, die einzige Lösung (wenn x, y, z positiv und ungleich 0 sind).

Auch die folgende Aufgabe ist von diesem Typ; sie ist zudem deshalb von besonderem Interesse, da sie auf Grund des Textes orientalischen Ursprungs zu sein scheint; dies gewinnt durch die bekannten Beziehungen des karolingischen Hofes zu Byzanz an Plausibilität.

„Von einem Einkäufer im Orient. Ein Mann wollte für 100 Solidi 100 verschiedene Tiere im Orient kaufen. Er gab seinem Gehilfen den Auftrag, für 1 Kamel 5 Solidi auszugeben, für 1 Esel 1 Solidus und für 20 Schafe 1 Solidus. Sage, wer will, wie viel Kamele, wie viel Esel und wie viel Schafe es bei dem Geschäft mit 100 Solidi waren."

Lösung: „Wenn du 19 mal 5 rechnest, sind es 95, d. h. 19 Kamele wurden für 95 Solidi gekauft. Füge 1 hinzu, nämlich 1 Esel für 1 Solidus, dann sind es 96 Solidi. Dann nimmt 20 mal 4, es sind 80, d. h. 80 Schafe für 4 Solidi. Zähle zusammen 19 und 1 und 80, es sind 100, nämlich 100 Tiere. Und zähle zusammen 95 und 1 und 4, es sind 100 Solidi. Zusammen sind es also 100 Stück Vieh und 100 Solidi."

Bezeichnet x die Anzahl der Kamele, y die der Esel, z die der Schafe, so gilt (1) $x + y + z = 100$ (= Anzahl der zu kaufenden Tiere), und (2) $5x + y + z/20 = 100$ (Gesamtpreis). Es folgt $y = 100 - x - z = 100 - 5x - x/20$, woraus $80x = 19z$ folgt. Es muss also x durch 19 teilbar sein. Andererseits ist x wegen (2) kleiner als 20. Es folgt $x = 19$ (Kamele), und hieraus $z = 80$ (Schafe) und $y = 1$ (ein Esel).

Eine Aufgabe mit denselben Zahlen wurde von dem arabischen Mathematiker Abu Kamil behandelt. Nach Singmaster ist diese Aufgabe in Europa neu (Singmaster, S. 18f.). Auch das spricht für eine Überlieferung aus dem arabischen Raum.

Die *Propositiones* sind in 13 Handschriften überliefert. Alle entstammen dem klösterlichen Bereich und wurden für dieses Umfeld angefertigt. Die älteste entstand vermutlich gegen Ende des 9. Jahrhunderts im Kloster St. Denis bei Paris. Weitere Abschriften wurden zwischen dem 9. und 11. Jahrhundert unter anderem in den Klöstern auf der Reichenau, in St. Emmeram (Regensburg), Chartres, Limoges und Orleans hergestellt. Die Schrift scheint demnach in Frankreich entstanden und in süddeutschen Klöstern verbreitet gewesen zu sein. Man kann daher wohl annehmen, dass ein bedeutender Teil der Sammlung im oben genannten Sinne auf die Anforderungen eines klösterlich-landwirtschaftlich geprägten Umfeldes vorbereiten sollte (Kaufmannsaufgaben finden sich nicht) und die beträchtliche Mühe des Abschreibens nicht ausschließlich zur Unterhaltung oder zur „Schärfung des Geistes" aufgebracht worden ist (Folkerts 1978, S. 30).

Auf einen klösterlich-landwirtschaftlichen Bereich weist besonders der zweitgrößte Block von zwölf geometrischen Aufgaben hin (eventuell auch die fünf Aufgaben zur Umrechnung von Maßeinheiten). Diese liegen in der Tradition der Landvermessung; als Quellen kommen vor allem die gromatischen Schriften der Römer in Betracht. Beispielsweise wird in Aufgabe 23 die Fläche eines Trapezes mit den gegenüberliegenden Seiten a, c und b, d entsprechend der Formel $1/2(a + c) \cdot 1/2(b + d)$ berechnet, ein Verfahren, das uns schon in 1.3 begegnet ist. In Aufgabe 25 wird aus dem Umfang eines Kreises die Kreisfläche nach zwei Methoden berechnet von denen die erste auf den Wert $\pi = 4$, die zweite auf $\pi = 3$ hinausläuft. Der letztere Wert wurde auch von den Babyloniern benutzt. Bei den römischen Agrimensoren war dagegen der bessere, von den Griechen her bekannte Näherungswert $\pi = 22/7$ üblich.

Über 40 der 56 Aufgaben sind entweder völlig neu (jedenfalls ohne bekannte Vorbilder) oder neu in Westeuropa (Ebd., S. 25). Das unterstreicht die große Bedeutung dieser Sammlung für die Mathematikgeschichte insgesamt und insbesondere für die mathematische Kultur der karolingischen Renaissance. Die übrigen Probleme könnten über Beziehungen zum Oströmischen Reich oder zum arabisch besetzten Spanien (vgl. Kap. 5) an den karolingischen Hof gelangt sein; jedoch gibt es dafür keine definitiven Zeugnisse. Vollkommen klar ist dagegen, dass

ein Einfluss der klassischen griechischen Mathematik oder der nikoma-
chisch-boethischen Tradition nicht bestand; eine theoretische, auf all-
gemeingültige Aussagen abzielende Bearbeitung geometrischer oder
zahlentheoretischer Fragen findet sich in den *Propositiones* nicht.

Kehren wir zum Schluss dieses Abschnitts noch einmal zurück zu der
eingangs besprochenen Aufgabe vom Wolf, der Ziege und dem Kohlkopf. Die in den *Propositiones* angegebene Lösung lautet (gekürzt):

> „[...] bringe ich zuerst die Ziege hinüber und lasse den Wolf und den
> Kohlkopf zurück. Dann fahre ich zurück und bringe den Wolf hinüber,
> lasse ihn drüben und bringe die Ziege zurück. Dann lasse ich die Ziege
> hinaus und bringe den Kohlkopf hinüber, fahre nochmal zurück und
> bringe die Ziege hinüber. So wird die Kahnfahrt ohne Schaden ausge-
> führt, und ohne dass eines das andere verschlingt."

Dass dem Autor (oder den Autoren) der *Propositiones* die Besonderheit der vorstehenden Aufgabe wohl bewusst war, kann man daraus
schließen, dass noch zwei Varianten in die Sammlung aufgenommen
wurden. Während die eine sich nur in der Wortwahl von der obigen
unterscheidet, ist die andere von deutlich höherem Schwierigkeitsgrad;
es ist dies die Aufgabe „von drei Brüdern, von denen jeder eine von drei
Schwestern zur Frau hatte":

> „Drei Brüder, von denen jeder eine Schwester hatte, mussten einen Fluss
> überqueren. Jeder von ihnen hatte Verlangen nach der Schwester des
> nächsten. Als sie an den Fluss kamen, fanden sie nur ein kleines Boot, in
> dem nicht mehr als zwei von ihnen hinüberfahren konnten. Es sage, wer
> es kann, wie sie den Fluss überquerten, ohne dass auch nur eine von ih-
> nen befleckt wurde."

> *Lösung:* „Zuerst steige ich mit meiner Schwester in das Boot, und wir
> fahren hinüber. Drüben lasse ich meine Schwester aussteigen und bringe
> das Boot zum Ausgangsufer zurück. Dann besteigen die Schwestern der
> beiden Männer, die zurückgeblieben waren, das Boot. Nachdem sie drü-
> ben ausgestiegen sind, bringt meine Schwester, die zuerst hinübergefah-
> ren war, das Boot zu mir zurück. Nachdem sie ausgestiegen ist, fahren
> die beiden Brüder nach drüben. Einer von ihnen bringt zusammen mit
> seiner Schwester das Boot zurück. Mit diesem zusammen fahre ich hinü-
> ber, während meine Schwester zurückbleibt. Dann bringt eine der beiden
> Frauen das Boot zurück, nimmt meine Schwester auf und bringt sie zu
> uns. Nun holt der Mann, dessen Schwester noch zurückgeblieben war,
> diese zu uns. So ist die Überfahrt bewerkstelligt ohne unpassendes Zu-
> sammensein."

3.2 Mathematik zur Unterhaltung – Zahlenrätsel

Das Erraten von Zahlen war zu allen Zeiten ein beliebtes Gesellschafts-
spiel, wovon eine spezielle Gattung mathematischer Literatur, die von
den ältesten Kulturen bis in die Neuzeit hinein verbreitet war, ein beredtes Zeugnisse ablegt. Sogenannte Zahlenrätsel, die genau genommen gar
keine Rätsel, sondern wohldurchdachte und sorgfältig konstruierte mathematische Aufgaben sind, finden sich in einer großen Zahl mathematischer Aufgabensammlungen.

Zum Beispiel wird ein Mitspieler aufgefordert, sich eine Zahl zu denken,
die gedachte Zahl sodann zu verdreifachen und schließlich den erhaltenen
Wert zu halbieren. Ergibt sich ein Rest, so soll auf die nächste ganze Zahl
erhöht werden. Das Zwischenergebnis wird verdreifacht. Der „Ratende"
lässt sich nun mitteilen, ob die Division durch 9 aufgeht und wie oft die 9
in der Zahl enthalten ist. Der „Ratende" nennt daraufhin die von dem
Mitspieler anfangs gedachte Zahl.

Der „Ratende" ist, wie schon erwähnt, in Wahrheit gar kein Raten-
der, weil die Fragen gerade so gestellt sind, dass aus den Antworten die
unbekannte Zahl eindeutig nach einer Strategie, die dem „Ratenden"
bekannt ist, errechnet werden kann.

Im vorstehenden Beispiel ist die Strategie die folgende: Ist die mitgeteilte Zahl m und geht die Division auf, so ist $2m$ die gesuchte Zahl;
geht die Division nicht auf (es bleibt dann der Rest 6), so ist die gedachte Zahl $2m + 1$.

Die Richtigkeit dieser Strategie kann etwa folgendermaßen verifiziert
werden: Sei n die gedachte Zahl. Zuerst wird (stillschweigend) $3n$ ge-
bildet und dies durch 2 geteilt. Geht die Division auf, so ist n gerade,
etwa $n = 2m$ und es gilt dann $3n = 6m$. Geht die Division nicht auf, so ist
$n = 2m + 1$ und folglich $3n = 6m + 3$. Eine Halbierung gibt im ersten
Fall $3m$, im zweiten Fall $3m + 3/2$, was durch eine Erhöhung auf die
nächste ganze Zahl $3m + 2$ ergibt. Eine Verdreifachung ergibt $9m$ bzw.
$9m + 6$. Mitgeteilt wird also in jedem Fall die Zahl m. Wird außerdem
gesagt, dass die Division durch 9 aufgeht, so ist man im ersten Fall am
Ziel, d. h. die gedachte Zahl n ist gleich $2m$. Wird dagegen gesagt, die
Division gehe nicht auf, so ist n gleich $2m + 1$.

Das vorstehende Zahlenrätsel ist einem Text entnommen, der – neben
einem mathematikhistorisch bedeutsameren Teil, den wir im übernächs-
ten Abschnitt besprechen – das obige Rätsel enthält sowie die beiden
folgenden. Die Schrift stammt aus dem 8. oder frühen 9. Jahrhundert

und ist nach jetzigem Kenntnisstand die früheste abendländische Schrift, in der Zahlenrätsel auftreten. In ihrer ursprünglichen Fassung enthält sie weder einen Verfasser noch einen Titel, in späteren Drucken trägt sie den Titel *De arithmeticis propositionibus*, „Arithmetische Sätze". Als unzutreffend hat sich die früher verbreitete Annahme herausgestellt, der Text stamme von Beda (vgl. 3.5). Unbekannt sind auch die Quellen, die der Verfasser eventuell benutzt hat. Eine kritische Edition mit Kommentar hat Menso Folkerts herausgegeben (Folkerts 1972).

Das zweite Rätsel wird gegenüber dem obigen dadurch erschwert, dass jetzt im Anschluss an die zweite Multiplikation mit 3 noch einmal halbiert wird. Nach jeder Halbierung fragt man, ob ein Rest bleibt. Wird dies bejaht, so muss der Rechner das Zwischenergebnis auf die nächste ganze Zahl erhöhen, und der Ratende merkt sich 1, falls sich bei der ersten Division der Rest 1 ergibt; er merkt sich 2, falls dies bei der zweiten Division der Fall ist. Man lässt sich wieder mitteilen, wie oft die 9 in dieser Zahl enthalten ist. Ist die mitgeteilte Zahl m, bildet man $4m$ und addiert die gemerkten Zahlen. Die Summe ist die gesuchte Zahl.

Zur Erklärung des Verfahrens ist es wegen der zweimaligen Division durch 2 sinnvoll, die gedachte Zahl n in der Form $4m + k$ anzunehmen, wobei $k = 0, 1, 2$ oder 3 ist. Multiplikation mit 3 und anschließende Halbierung gibt $6m + 3k/2$. Im Fall $k = 1$ wird auf $6m + 2$ erhöht, im Fall $k = 3$ auf $6m + 5$ und der Ratende erfährt, dass die Division durch 2 nicht aufgeht, weshalb er sich die Zahl 1 merkt. Nach der anschließenden Verdreifachung ergibt die Halbierung $9m + 3$ für $k = 1$, $9m + 9/2$ für $k = 2$ und $9m + 15/2$ für $k = 3$. Der Ratende merkt sich also in den Fällen $k = 2$ und $k = 3$ die Zahl 2. Die Summe der Merkzahlen ist stets gleich und in allen Fällen ist die 9 genau m mal enthalten. Bildet man nun $4m$ und addiert die gemerkten Zahlen, so erhält man die gesuchte Zahl $n = 4m + k$.

Beim dritten Rätsel geht es darum, einen Wochentag zu erraten.

Ist n die Zahl des Tages, so lässt man (stillschweigend nacheinander die Zahlen $2n$, $2n + 5$, $(2n + 5) \cdot 5$ und $(2n + 5) \cdot 5 \cdot 10$ bilden und sich das Ergebnis nennen. Wegen $[(2n + 5) \cdot 5 \cdot 10 - 250] : 100 = n$ hat der Ratende von der genannten Zahl 250 abzuziehen und das Ergebnis durch 100 zu teilen; das gibt ihm die Zahl des gesuchten Wochentages gibt.

Diese Art der Unterhaltungsmathematik stammt ursprünglich aus dem Orient und wurde von Byzanz und vom Abendland übernommen. Die zweite und dritte der oben aufgeführten Aufgaben findet man z. B. um 1200 bei Leonardo von Pisa und, manchmal leicht variiert, in zahllosen lateinischen Sammlungen (vgl. Folkerts 1972).

Im elementaren Mathematikunterricht eingesetzt, kann man solchen Übungen – zumal wegen ihres Unterhaltungswertes – einen gewissen pädagogischen Sinn nicht absprechen. Neben den Rechenübungen, die ein Schüler bei diesen Aufgaben im Kopf auszuführen hatte, mag ein Lehrer wohl auch die Absicht verfolgt haben, seine Schüler zur Entschlüsselung der Lösungsstrategien anzuhalten. Ob ein Schüler dieses Problem durch Probieren oder Rückwärtsrechnen zu bewältigen versuchte – jedenfalls bedurfte es einigen Scharfsinns.

3.3 *Rithmomachia* – Ein gelehrtes Zahlenspiel

Im Gegensatz zu den Zahlenrätseln ging es bei einem mittelalterlichen Brettspiel mit dem Namen *Rithmomachia* nicht um das unterhaltsame Rechnen mit Zahlen, sondern um die spielerische Anwendung der neupythagoreischen Proportionenlehre, wie sie von Boethius, Isidor, Cassiodor, Martianus Capella u. a. an das Mittelalter überliefert und in den Klosterschulen gepflegt wurde.

Erfunden wurde das Spiel, das übersetzt etwa „Zahlenkampf" bedeutet, dessen Name allerdings erst in späteren Schriften vorkommt, aller Wahrscheinlichkeit nach im frühen 11. Jahrhundert im Umfeld der Domschule von Würzburg. In einer (nicht ganz eindeutigen) Beschreibung nennt ein dort lebender Geistlicher mit Namen Asilo, dessen Identität allerdings nicht geklärt ist, den Hauptzweck des Spiels, nämlich

„mit Hilfe des Philosophen Boethius die Wunderwerke Gottes zu preisen, die sich in Maß und Zahl kundgaben; ferner galt es, Kaisern und Adligen geistige Harmonie zu predigen und ein kriegerisches Jahrhundert zu überwinden" (Folkerts 2001, S. 337).

Das sollte dadurch erreicht werden, dass man gleichsam spielerisch die Zahlentheorie des Boethius einübte. Da die Arithmetik stets als Grundlage der übrigen Quadriviumsfächer angesehen wurde, erhoffte man sich damit auch eine positive Auswirkung auf das Studium des gesamten Quadriviums.

Die erste detaillierte Anweisung über die Beschaffenheit des Spiels und seiner Regeln stammt ebenfalls aus dem Umfeld der Würzburger Domschule. Obwohl die Beschreibungen verschiedentlich wechseln oder unbestimmt bleiben, kann man im Prinzip Folgendes sagen (vgl. Folkerts 2001, S. 333ff.):

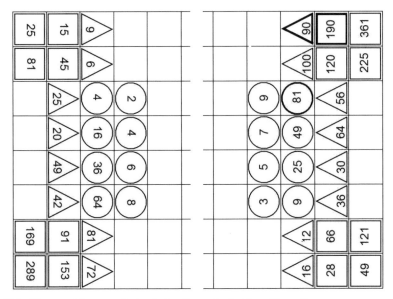

Abb. VI: Eine mögliche Aufstellung der beiden „Heere"

Der Zahlenkampf wurde mit zwei „Heeren" von je 24 Spielsteinen auf einem Brett mit 8 mal 16 (anfangs auch 8 mal 12) Feldern ausgetragen (Abb. VI). Die Spielsteine der beiden Heere waren gemäß der Proportionenlehre des Boethius (vgl. 2.1) in folgender Weise mit Zahlen bezeichnet: In der ersten Reihe stehen die ersten geraden bzw. die ersten ungeraden Zahlen.

a)	2	4	6	8	3	5	7	9
b)	4	16	36	64	9	25	49	81
c)	6	20	42	72	12	30	56	90
d)	9	25	49	81	16	36	64	100
e)	15	45	91	153	28	66	120	190
f)	25	81	169	289	49	121	225	361

Greifen wir nun eine beliebige Spalte des Schemas heraus und bezeichnen die Zahlen dieser Spalte von oben nach unten mit a, b, c, d, e, f, so gilt:

$$b = a^2 \qquad\qquad\qquad \textit{multiplex}$$
$$c : b = d : c = (a+1) : a \qquad \textit{superparticular}$$
$$e : d = f : e = (2a+1) : (a+1) \qquad \textit{superpartiens.}$$

Es ist also *b* ein *multiplex* von *a*, *c* ein *superparticular* von *b*, *d* ein *superparticular* von *c*, *e* ein *superpartiens* von *d* und *f* ein *superpartiens* von *e*.

Zwei Zahlen genießen eine Sonderstellung: die 91 im geraden und die 190 im ungeraden Heer. Dies ist dadurch zu erklären, dass $91 = 1^2 + 2^2 + 3^2 + 4^2 + 5^2 + 6^2$ als Zahl einer Pyramide aufgefasst wird und $190 = 4^2 + 5^2 + 6^2 + 7^2 + 8^2$ als Zahl eines Pyramidenstumpfes, aufgebaut aus quadratischen Schichten, die die Summanden repräsentieren.

Die Spielsteine hatten verschiedene Gestalt, je nach den Zahlenverhältnissen, die sie repräsentieren. Die *multiplices* waren gekennzeichnet durch Kreise (Reihe a und b), die *superparticulares* durch Dreiecke (Reihe c und d) und die *superpartientes* durch Quadrate (Reihe e und f). Die Aufstellung der Figuren ist in den verschiedenen Spielanleitungen nicht einheitlich, sie wurden jedoch stets in den äußeren drei oder – wie in der Abbildung – in den äußeren vier Reihen in einer bestimmten Ordnung postiert.

Im Allgemeinen ziehen die runden Steine ins nächste, die dreieckigen ins übernächste und die viereckigen ins dritte Feld. Oft sind diagonale oder abgeknickte Züge zugelassen. Über im Weg stehende Figuren darf nicht hinweg gesprungen werden. Die Pyramiden bewegen sich wie die in ihnen enthaltene Steine. Trifft eine Partei auf einen gegnerischen Stein, so kann dieser unter Umständen geraubt werden. Hierfür gibt es spezielle – ebenfalls variierende – Regeln. Grundsätzlich sind vier Möglichkeiten vorgesehen:

1. Trifft ein Stein auf einen gleichzahligen der Gegenpartei, so ist dieser geschlagen.

2. Nehmen zwei Steine einer Partei einen der anderen in ihre Mitte so, dass dessen Feld im nächsten Zug für beide erreichbar wäre, und ist die Summe der beiden ersten Zahlen gleich der eingeschlossenen, so ist diese geschlagen.

3. Wenn die Zahl eines Steines multipliziert mit der Felderzahl, die ihn von einem feindlichen trennen, die Zahl des feindlichen Steines ergibt, ist dieser geschlagen.

4. Steine, die so von feindlichen umstellt sind, dass sie nicht mehr ziehen können, sind geschlagen.

5. Trifft ein Stein nach den angegebenen Regeln die Basiszahl der Pyramide, so sind alle ihre Stufen verloren.

Das Ziel des Spiels besteht darin, die gegnerische Pyramide zu schlagen und dann zu versuchen, in der gegnerischen Hälfte eine Siegposition aufzubauen. Diese besteht aus drei oder vier Steinen in einer Reihe, unter denen mindestens eines der drei pythagoreischen Mittel (geometrisches, arithmetisches, harmonisches) vorkommen. Zum Aufbau der Siegstellung kann auch ein geraubter gegnerischer Stein verwendet werden.

Obwohl das Spiel – neben den von Asilo formulierten philosophisch-moralischen Zielen – ursprünglich für Unterrichtszwecke in den Quadriviumsfächern in Dom- und Klosterschulen gedacht war, verbreitete es sich schnell zu einem Zeitvertreib für die gebildeten Schichten ganz Westeuropas. Erst im 17. Jahrhundert wurde es durch andere Formen der Unterhaltung abgelöst.

3.4 *Iunge III et VII minus, faciunt IIII minus* – Negative Zahlen im Frühmittelalter

Eine besondere Überraschung bietet uns die kleine Schrift *De arithmeticis propositionibus*, die wir im vorletzten Abschnitt im Zusammenhang mit Zahlenrätseln vorgestellt haben. In ihrem vierten und letzten Teil enthält sie Rechenanleitungen, die völlig aus dem Rahmen dessen fallen, was das Mittelalter sonst an mathematischen Kenntnissen und Neuerungen vorzuweisen hat, nämlich die Regeln für die Addition und Subtraktion negativer Zahlen.

Wie schon erwähnt, ist diese Schrift, über dessen Verfasser und seine Quellen wir nichts wissen, im 8. Jahrhundert, spätestens in der ersten Hälfte des 9. Jahrhunderts in Westdeutschland oder Ostfrankreich entstanden. Wer auch immer den Text mit demjenigen über Zahlenrätsel zusammengefügt hat, auf ein tieferes inhaltliches Verständnis kann man daraus kaum schließen. Allein auf Grund des letzten Teiles ist die Schrift im gesamten lateinischen Mittelalter bis ins 15. Jahrhundert ohne Beispiel.

Der anonyme Autor beginnt mit den Regeln für die Addition positiver und negativer Zahlen. Die Bezeichnung für positiv ist *verum*, für negativ *minus*:

Verum cum vero facit verum. Minus cum vero facit verum. Verum cum minus facit minus. Minus cum minus facit minus. Verum essentiam, minus nihil significat.

„Eine positive und eine positive Zahl ergibt eine positive Zahl. Eine negative und eine positive Zahl ergibt eine positive Zahl. Eine positive und eine negative Zahl ergibt eine negative Zahl. Eine negative und eine negative Zahl ergibt eine negative Zahl. *Verum* bezeichnet das Seiende, *nihil* das Nichts."

Bei der zweiten und dritten Regel ist offensichtlich daran gedacht, dass der Betrag der ersten Zahl kleiner ist als der der zweiten. Das wird durch die am Schluss angegebenen Beispiele deutlich:

Iunge III et VII, fiunt X; iterum iunge III minus et VII, fiunt IIII; iunge III et VII minus, fiunt IIII minus; iunge III minus et VII minus, fiunt X minus.

In unserer Formelsprache bedeutet dies:

$$3 + 7 = 10, \quad (-3) + 7 = 4, \quad 3 + (-7) = -4, \quad (-3) + (-7) = -10$$

Anstelle von *verum* und *minus* werden auch die Bezeichnungen *numeri essentes* oder *existentes* bzw. *non essentes* oder *non existentes* gebraucht, wie der folgende Satz zeigt:

„Ebenso, wenn $+3$ und -7 addiert werden: Da der Betrag [summa] des Nichts [-7] größer ist als der des Seienden [$+3$], überwindet die nicht existierende 7 die existierende 3 und verzehrt sie durch ihr Nichtsein und es bleiben von ihr vier nicht existierende. Das heißt: 3 plus -7 ergibt -4" (*Similiter si iungantur III veri nomine et VII minus, quia maior est nihili quam essentiae summa, vincit septenarius non existens ternarium existentem et consumit eum sua non essentia, et remanent de ipso sibi IIII numeri non existentes; et hoc est quod dicitur: iunge III et VII minus, faciunt IIII minus*).

Negative Zahlen als eigenständige mathematische Objekte, unabhängig von einem konkreten Zusammenhang, finden in Europa erst seit dem 15. Jahrhundert allmählich Anerkennung. In das Bewusstsein der Mathematiker sind sie allerdings schon sehr früh eingedrungen, so in kaufmännisch eingekleideten Aufgaben als Schulden oder im Verlauf von Rechnungen wie etwa bei der Auflösung von Gleichungssystemen, bei denen man nicht von vornherein sieht, ob es positive Lösungen gibt. Ist dies nicht der Fall, werden solche Probleme dann meistens als „unmöglich" beiseitegelegt, es sei denn, dass man eine in dem gegebenen Kontext sinnvolle Interpretation findet; meistens handelt es sich dann um Schulden. So akzeptiert z. B. Leonardo von Pisa (vgl. 3.8), negative Gleichungslösungen, interpretiert sie jedoch stets dem gegebenen Zusammenhang gemäß. Erst bei Chuquet treten Ende des 15. Jahrhunderts negative Lösungen in Gleichungssystemen auf, in denen unbekannte Zahlen ohne Benennung bestimmt werden sollen. Zu einem tieferen Verständnis negativer Zahlen im Sinne einer Erweiterung des Zahlbereichs hat Mitte des 16. Jahrhunderts Michael Stifel wesentlich beigetragen.

Dass das Mittelalter keinen Zugang zu negativen Zahlen fand und auch keinen Bedarf dafür hatte, verwundert nicht, wenn man berücksichtigt, dass sie in der griechischen und römischen Mathematik nicht vorkommen (von Diophant einmal abgesehen, der auch sonst eine Sonderrolle in der griechischen Mathematik spielt). Demzufolge wurden sie auch von den islamischen Mathematikern, obwohl ihnen indische Werke bekannt waren, so gut wie gar nicht erwähnt und fanden deshalb auch dann keinen Einzug in den lateinischen Westen, als sich im 11. bis 13. Jahrhundert die griechische und islamische Mathematik im Westen verbreitete.

3.5 *De temporum ratione* – Beda Venerabilis und die Zeitrechnung

Die interessanteste Anwendung des Quadriviums im Frühmittelalter ist zweifellos die kirchliche Festrechnung, d. h. die Datumsbestimmung der beweglichen Feste des Kirchenjahres. Dabei geht es vor allem um die Bestimmung des Osterdatums, denn von diesem hängen die Daten der meisten anderen beweglichen Feste ab.

Eine lange Tradition sagt, nach vielen Unklarheiten und Streitigkeiten sei auf dem Konzil von Nicaea 325 beschlossen worden, Ostern nach dem Vorbild der Diözese von Alexandria am ersten Sonntag nach dem ersten Frühlingsvollmond zu feiern. Die offiziellen Konzilsakten enthalten aber tatsächlich nichts dergleichen. Erst im 19. Jahrhundert wurde ein diesbezügliches Dekret entdeckt, in dem es lapidar heißt, die anwesenden Bischöfe hielten

„es für angebracht, dass die Brüder aus dem Osten alle ebenso wie die Römer und Alexandriner und alle anderen ihr Ostern feiern sollten, auf dass alle an einem und demselben Tag mit einmütiger Stimme ihre Gebete zu diesem heiligen Osterfest emporsteigen ließen" (Urbina, S. 288f.).

Darüber hinaus heißt es in einem Brief des Kaisers Konstantin „An die Kirchen" (Ebd., S. 106), man solle nicht mehr dem Brauch der feindlich gesinnten Juden folgen, die für den Tod des Erlösers verantwörtlich seien, und dass es widersinnig sei, dass diese ihren Ruhm daraus gewinnen, dass die Christen ohne Zuhilfenahme ihrer Regeln unfähig seien, das Osterfest recht zu beobachten.

Damit wendet sich der Kaiser in deutlichen Worten gegen die bei den frühen Judenchristen in einigen Regionen des Vorderen Orients gepflegte Praxis, Ostern zugleich mit dem Paschafest der Juden zu feiern. Diese Feier begann nach dem jüdischen Mondkalender am Abend des 14. Nisan, d. h. am Abend des ersten Frühlingsvollmondes (vgl. 3.6).

Da Christus der Tradition gemäß an diesem Tag, also einem Freitag, gekreuzigt wurde und danach am dritten Tag, einem Sonntag, von den Toten auferstanden ist, ergaben sich für die Feier des Osterfestes (des Gedenktages der Auferstehung Jesu Christi) drei Möglichkeiten:

1. der 16. Nisan,
2. der Sonntag nach dem (oder am?) 14. Nisan,
3. der Sonntag nach dem (oder am?) ersten Vollmond nach dem Frühlingsäquinoktium.

Wollte man sich, wie der Kaiser es in dem genannten Brief darlegt, von den Juden und ihrer Berechnung unabhängig machen, so blieb nur die dritte Möglichkeit. Das bedeutete aber zugleich, dass man in der christlichen Welt einen Weg finden musste, das Datum des ersten Frühlingsvollmonds im Julianischen Kalender zu bestimmen – und zwar für Jahre im Voraus. Zudem sollte die Berechnungsmethode – der sogenannte *computus* – so beschaffen sein, dass der gebildete Leser ohne astronomische Kenntnisse oder gar Beobachtungen an Hand von Tabellen, den sogenannten Ostertafeln, dieses Datum unzweifelhaft herausfinden konnte. Solche Tafeln kamen dann auch bald in Umlauf, unterschiedliche astronomische Voraussetzungen führten aber nicht selten zu unterschiedlichen Ergebnissen.

Wegweisend in der römischen Kirche wurden schließlich die Berechnungen des Mönchs Dionysius Exiguus (der „Geringe", gest. vor 556), die wir im nächsten Abschnitt eingehend besprechen werden. Dieser Mönch war es auch, der zuerst den Vorschlag machte, die Zeitrechnung mit dem Jahr der Geburt Christi zu beginnen (das, wie man heute weiß, fünf Jahre zu spät angesetzt war). Endgültig durchsetzen konnten sich die Regelungen aber erst fast 200 Jahre später auf Grund der chronologischen Arbeiten des Mönchs Beda (ca. 673–735), die er in zwei Büchern in bisher nicht gekannter Klarheit und Präzision vorlegte.

Beda wuchs in der Nähe des Klosters Jarrow-Wearmouth in Nordengland auf und lebte hier als Mönch von seinem siebten Lebensjahr an bis zu seinem Tod. Seine ganze Kraft widmete er dem Studium der Theologie, der Geschichte und den Naturwissenschaften. Dazu brachte der Ort seines Wirkens ideale Voraussetzungen mit: Auf vielen Romreisen hatte der Gründer des Klosters nach Bedas Worten „eine unzählbare Menge von Büchern aller Art" mitgebracht. Aus ihnen schöpfte Beda eine umfassende Bildung, aus der sich eine reiche wissenschaftliche Tätigkeit entwickelte.

Neben einer Reihe von theologischen Traktaten und der „Kirchengeschichte des englischen Volkes" verfasste Beda drei naturwissenschaftliche Werke: *De natura rerum, De temporibus* und *De temporum ratione*. Das erste ist eine Naturlehre von der Art spätantiker Werke über Kosmologie (der Mittelpunkt des Universums ist die Erdkugel) und diverser Phänomene auf der Erde. Die beiden anderen Schriften sind – wie die Titel sagen – der Zeitrechnung gewidmet, genauer der Berechnung des Osterdatums. Die Darstellung in *De temporibus* ist auf wenigen Seiten so knapp gehalten, dass Beda um 725, also etwa 20 Jahre später, auf vielfachen Wunsch das etwa zwölfmal so umfangreiche Buch *De temporum ratione* über denselben Gegenstand schrieb. Bedas computistisches Werk wurde für die folgenden Jahrhunderte maßgebend und durfte in keiner Kloster- oder Schulbibliothek fehlen.

Für seine naturwissenschaftlichen Studien war er auf sehr bescheidene Quellen angewiesen. Die großen Namen der alexandrinischen Wissenschaft waren nur noch Legende und selbst die römischen Handbücher, die noch den irischen Mönchen bekannt gewesen waren und etwas später in der Kathedralschule von York sowie in den karolingischen Schulen zur Verfügung standen, waren ihm nur in sehr begrenztem Maße zugänglich. Neben den Enzyklopädien von Plinius und Isidor von Sevilla oder Auszügen davon musste die Bibel und das Werk der Kirchenväter als Quelle für Aussagen über die Natur dienen (vgl. Jones, C.W., S. 128). Aber sicher kannte Beda die früheren Schriften zur Osterrechnung, insbesondere die des oben erwähnten Dionysius Exiguus, da er dessen neue Zeitrechnung, beginnend mit dem (vermeintlichen) Geburtsjahr Jesu Christi, übernahm und ihr damit zum Durchbruch verhalf.

Die Osterrechnung und die Chronologie ganz allgemein sind ein deutlicher Beleg dafür (wir haben das bei den früher genannten Autoren der Spätantike auch bereits gesehen), dass im Frühmittelalter die Zahlen nicht nur in ihrer symbolischen Bedeutung eine Rolle spielten. Vielmehr bediente man sich ihrer ganz selbstverständlich in allen Arten von Anwendungen, wo immer sich solche ergaben. Beda selbst erwähnt auch gar nicht Boethius, Cassiodor oder Martianus Capella; die abstrakte Zahlentheorie spielt in seinen computistischen Werken nicht die geringste Rolle. Er stellt sich als „angewandter Mathematiker" dar. Dass die erforderlichen mathematischen Methoden nicht über die Grundrechenarten und etwas Bruchrechnung hinausgehen, liegt in der Aufgabenstellung selbst begründet.

Jones, einer der besten Kenner der frühmittelalterlichen Werke über Zeitrechnung, insbesondere derjenigen Bedas, schreibt:

Bede's science was not ours, nor would we expect it to be. But a regard for evidence, a love of mathematical and verbal refinement, a determination to achieve truth by the best methods of his days, a refusal to copy without understanding mark him a scientist. [...] In the secondary studies of the computus, do we see minds working in the comparatively material world in which we live. There Bede created tracts which were above challenge for five centuries and are not 'antiquated' to-day (Jones, C. W., S. 129).

Die große Wertschätzung, die schon seine Zeitgenossen der Arbeit Bedas zollten wird daran deutlich, dass ihm bereits wenige Jahre nach seinem Tod der Beinamen *venerabilis*, der Ehrwürdige, beigelegt wurde.

3.6 *Computus paschalis* – Das Datum des Osterfestes

Das Osterfest sollte, wie gesagt, am ersten Sonntag nach dem ersten Frühlingsvollmond gefeiert werden, also frühestens am 22. März (als Frühlingsanfang wurde für die Osterrechnung stets der 21. März angenommen). Die Schwierigkeiten ergaben sich daraus, dass hierzu Sonnen- und Mondjahr in eine für die Zeitrechnung brauchbare Übereinstimmung zu bringen waren. Solche Versuche, Mondphasen und Jahreszeiten in Einklang zu bringen, hat es bereits im Altertum gegeben, im Einflussbereich der römischen Kirche wurden sie aber wegen der kalendarischen Festlegung der kirchlichen Feste besonders aktuell. Dazu bedurfte es einiger astronomischer Grundkenntnisse.

Die natürlichen Einheiten für die Zeitrechnung sind – neben dem Tag – der „synodische Monat" und das „tropische Jahr".

Der synodische Monat ist die Zeitspanne, in der der Phasenwechsel des Mondes vor sich geht; er beträgt (etwa) 29,53 Tage. Ein Mondjahr von 12 synodischen Monaten hat demnach eine Länge von 354,36 Tagen. Diese Zeiteinheit war vor allem für die Nomadenvölker des Nahen Ostens, die ihre Herden bei Nacht hüteten, von großer Wichtigkeit und noch heute bildet der synodische Monat die traditionelle Grundlage des Kalenders der Juden und der Muslime. Der Monatsbeginn wurde durch Beobachtung bestimmt: das Erscheinen der schmalen Sichel des neuen Mondes am Abendhimmel verkündete den Monatsanfang.

Für ackerbautreibende Völker wie die Ägypter war schon im Altertum die Wiederkehr der Jahreszeiten von größerer Bedeutung als der Mondumlauf. Grundlage dieser Zeitrechnung ist das „tropische Sonnenjahr", das ist die Zeit, in der die Sonne die Ekliptik durchläuft; sie beträgt 365,24220 Tage und ist damit fast 11 Tage länger als das Mondjahr.

Bei den Versuchen, Sonnen- und Mondkalender aufeinander abzustimmen, handelt es sich darum, eine (möglichst kleine) ganze Zahl n zu finden, sodass der Zeitraum von n tropischen Sonnenjahren aus einer ganzen Anzahl von synodischen Monaten besteht. Würde das gelingen, so hätte das zur Folge, dass – bei geeigneten Schaltregeln – die Daten der Mondphasen im Sonnenkalender sich nach n Jahren zyklisch wiederholen, m. a. W. dass die Mondphasen (also insbesondere die Vollmonde) mit einer Periode von n Jahren stets auf das gleiche Datum des Sonnenkalenders fallen.

Da das aus astronomischen Gründen nicht möglich ist, kommt es auf eine für Kalenderzwecke hinreichend genaue, praktikable Näherungslösung an. Im Verlauf der Geschichte hat man mit verschiedenen „Lunisolarzyklen" der Länge n experimentiert, deren wichtigste $n = 8, 11, 19, 84$ waren. Durchgesetzt hat sich wegen seiner größten Genauigkeit nur der 19-jährige Zyklus; 19 tropische Jahre umfassen nämlich recht genau 235 synodische Monate. Folglich wiederholen sich, wie gesagt, die Monddaten in zyklischer Reihenfolge nach 19 Sonnenjahren.

Dieser Lunisolarzyklus war bereits den alten Griechen bekannt und wird nach dem griechischen Astronomen Meton (5. Jahrhundert v. Chr.) als „Meton–Zyklus" bezeichnet; unter den Bezeichnungen *cyclus lunaris* oder *cyclus decennovennalis* (die Schreibweise ist nicht einheitlich) setzte er sich im gesamten christlichen Mittelalter durch.

Da das Mondjahr ungefähr 11 Tage kürzer ist als das Sonnenjahr, läuft der Jahresanfang des Mondjahres rückwärts durch alle Jahreszeiten. Um das zu vermeiden, hat bereits Meton ein Schaltsystem eingeführt (wahrscheinlich babylonischen Ursprungs), das vom Mittelalter übernommen wurde.

Danach werden die 235 Mondmonate folgendermaßen auf 19 Jahre aufgeteilt: 12 Gemeinjahre (*anni communes*) zu 354 Tagen (6 Monate zu 30 Tagen im Wechsel mit 6 Monaten zu 29 Tagen) plus 7 Schaltjahre (*anni embolismales*) zu 384 Tagen (ein zusätzlicher Monat von 30 Tagen) im 3., 6., 8., 11., 14., 17. und 19. Jahr.

Damit sind also 235 Monate auf 19 Jahre verteilt. Zählt man die Tage, so findet man für die 235 Mondmonate 6936 Tage, während 19 julianische Gemeinjahre einen Tag weniger, nämlich $19 \cdot 365 = 6935$ Tage umfassen. Der Mondzyklus ist also einen Tag länger als der julianische Zyklus. Daher wird am Ende eines jeden Zyklus ein Tag „übersprungen"; dieser „Mondsprung" trug die Bezeichnung *saltus lunae*. (Die julianischen Schalttage werden dem Mondzyklus als Mondschalttage hinzugefügt.)

Auf dieser Struktur (die freilich nur eine Annäherung an die tatsächlich gegebenen astronomischen Gegebenheiten darstellt und daher auf Dauer gesehen korrekturbedürftig war) beruhen die Ostertafeln (*tabulae paschalis*), mit deren Hilfe jeder Kleriker – zumindest in jedem Kloster und jeder Diözese einer – das Osterdatum und die übrigen kirchlichen Feste zuverlässig bestimmen konnte, ohne astronomische Beobachtungen anstellen zu müssen.

Hat man eine Ostertafel, die nur diese zyklische Struktur berücksichtigt und nicht – wie oft der Fall (s. u.) – die gewünschten Angaben schon für bestimmte Kalenderjahre macht, so muss der Komputist zunächst wissen, welche Stelle das Kalenderjahr, für das er etwa das Datum des Osterfestes in Erfahrung bringen möchte, im Mondzyklus (also in der Ostertafel) einnimmt. Dazu muss man zunächst ein Kalenderjahr auswählen, in dem ein Zyklus beginnen soll. Man wählte dazu – aus einem Grund, den wir weiter unten verstehen werden – das Jahr 0, das ist das Jahr 1 v. Chr. (Dieser Zyklus endet also im Jahr 18 n. Chr.)

Hat man auf diese Weise einen Zyklus (und damit alle weiteren Zyklen) im Julianischen Kalender fixiert, so ergibt sich die Stelle eines beliebigen Jahres n im Zyklus als kleinster Rest der Division von $n + 1$ durch 19; ist der Rest 0, so ist man im 19. Jahr. Die so ermittelte Stelle eines Jahres im Zyklus (m. a. W. die laufende Nummer in der Ostertafel) nannte man die „Goldene Zahl" (*numerus aureus*) dieses Jahres. (Der Name dürfte daher rühren, dass man diese Zahl mit goldener Farbe in die Ostertafeln eintrug.) So ergibt sich beispielsweise für das Jahr 724 die goldene Zahl 3, denn $724 + 1 = 38 \cdot 19 + 3$. Die Goldene Zahl durchläuft in aufeinanderfolgenden Intervallen von 1 bis 19 die Jahreszahlen des Julianischen Kalenders und – nach der hier getroffenen Vereinbarung – so, dass das Jahr 1 v. Chr. die Goldene Zahl 1 hat. (Wie die unten reproduzierte Ostertafel des Dionysius zeigt, waren aber auch andere Jahre als Ausgangspunkt für die fortlaufende Nummerierung der Jahre eines Zyklus in Gebrauch.)

Im Grunde brauchen Ostertafeln nur zwei Angaben zu enthalten (tatsächlich enthielten sie aber fast immer weitere chronologische Hinweise):

1. Die Ostergrenze, also das (julianische) Datum des ersten Frühlingsvollmonds und
2. dessen Wochentag.

Hieraus ergibt sich durch Weiterzählen bis zum folgenden Sonntag sofort das Datum des Osterfestes. Ist z. B. der erste Frühlingsvollmond am 3. April, und ist dies ein Dienstag, so ist Ostern am 8. April.

Zu 1. Das Datum des ersten Frühlingsvollmonds wurde im Mittelalter „Ostergrenze" (*terminus paschalis*) genannt, auch *luna XIV* bzw. *luna quarta decima pasche*, da am 14. Tag des Mondmonats Vollmond ist. Da dieses Datum ausschließlich durch den Lauf des Mondes gegeben ist, braucht es, wie oben erläutert, nur für die Jahre eines 19-jährigen Mondzyklus bestimmt zu werden.

Legt man das erste Jahr eines Zyklus in ein Kalenderjahr mit bekanntem Datum des ersten Frühlingsvollmonds, so erhält man durch Weiterzählen aus obigen Angaben das entsprechende Datum in jedem Jahr des Zyklus. Im Jahr 1 v. Chr., das wir oben bei der Festlegung der Goldenen Zahl zu Grunde gelegt haben, war der erste Frühlingsvollmond am 5. April. Zählt man nun jeweils 11 Tage zurück unter Berücksichtigung der 30-tägigen Schaltmonate im 3., 6., 8., 11., 14., 17., 19. Jahr (wobei der Schaltmonat im 19. Jahr wegen des saltus lunae mit 29 Tage zu rechnen ist), so ergeben sich zu den Goldenen Zahlen 1 bis 19 die Ostergrenzen:

5. April, 25. März, 13. April, 2. April, 22. März, 10. April, 30. März, 18. April, 7. April, 27. März, 15. April, 4. April, 24. März, 12. April, 1. April, 21. März, 9. April, 29. März, 17. April. (Der Leser mag dies in eine Formel fassen.)

Außer der Goldenen Zahl wird in den Ostertafeln stets ein anderer Parameter angegeben, die sogenannte „Epakte". Wir schicken gleich voraus, dass die Kenntnis der Epakte gleichbedeutend ist mit der

Kenntnis der Goldenen Zahl, weshalb eine der beiden Zahlen für alle Zwecke vollständig ausreicht.

Epakte (*epactae lunaris*, Mondzeiger oder Mondalter) eines Jahres ist die Anzahl der am 22. März dieses Jahres seit dem letzten Neumond verflossenen Tage.

Weil das Kalenderjahr 11 Tage länger als das Mondjahr ist, erhöht sich die Epakte von Jahr zu Jahr um 11 und verringert sich, wenn sie 29 übersteigt, auf Grund der oben beschriebenen Schaltregeln um die Anzahl der Tage eines vollen Mondmonats, also um 30.

In einem 19-jährigen Mondzyklus, dessen erstes Jahr die Epakte 0 hat (in diesem Jahr ist also am 22. März Neumond), ist demnach die Folge der 19 Epakten 0, 11, 22, 3, 14, 25, 6, 17, 28, 9, 20, 1, 12, 23, 4, 15, 26, 7, 18. Wegen des *saltus lunae* erhöht sie sich im 20. Jahr, d. h. im ersten Jahr des folgenden Zyklus, um 12, ist also – reduziert um 30 – wieder gleich 0.

Von den Epakten aus weiterzählend erhält man genau die oben berechneten Daten für den ersten Frühlingsvollmond. Das hat offenbar damit zu tun, dass das Jahr 1 v. Chr. (Goldenen Zahl 1) die Epakte 0 hat.

Zu 2. Nachdem man nun (im Julianischen Kalender) die Daten der Ostervollmonde in einem (und damit in jedem) Zyklus bestimmt hat, bleibt noch herauszufinden, auf welche Wochentage diese Daten fallen. Man nummerierte dazu die Tage von Sonntag bis Samstag mit den Zahlen 1 bis 7 durch und bezeichnete die Nummer desjenigen Wochentags, auf den der 24. März eines Jahres fällt (dieses Datum kann natürlich auf jeden Wochentag fallen), als „Konkurrente" (*concurrentes* oder *epactae solaris*, Sonnenzeiger) des betreffenden Jahres. Ist beispielsweise die Konkurrente eines Jahres 1 (der 24. März ist dann also ein Sonntag), so findet man durch Weiterzählen, dass sie am 31.3., 7.4., 14.4. und am 21.4. ebenfalls 1 ist; dies sind also die potenziellen Osterdaten dieses Jahres. Das späteste Osterdatum ist der 25. April (wenn der Ostervollmond auf den 21.3. fällt und dies ein Sonntag ist).

Wegen der 365 (= 52 · 7 + 1) bzw. 366 Tage des Julianischen Jahres erhöht sich die Konkurrente in jedem Gemeinjahr um 1, in jedem Schaltjahr aber um 2 gegenüber dem Vorjahr. Die Konkurrenten bilden folglich einen 28-jährigen Zyklus den *cyclus solaris* oder „Sonnenzyklus": 1, 2, 3, 4, 6, 7, 1, 2, 4, 5, 6, 7, 2, 3, 4, 5, 7, 1, 2, 3, 5, 6, 7, 1, 3, 4, 5, 6; da die nächste Konkurrente 1 ist, beginnt hier die gleiche Folge von Neuem. Weil das Jahr 1 v. Chr. die Epakte 0 und die Konkurrente 4 hatte, hatte das Jahr 1 die Epakte 11 und die Konkurrente 5. Durch Weiterzählen findet man, dass am Freitag, den 25.3.1 Vollmond, also am 27.3.1 Ostern war.

Als Beispiel für die Art und Weise, wie in den computistischen Schriften diese Regel erklärt und ausgerechnet wird, zitieren wir aus dem *Liber de Computo* des Hrabanus Maurus (nach Böhne, S. 143): „Lehrer: Im Folgenden die Rechenformel, mit deren Hilfe du die *Concurrentes* ermitteln kannst. Zu der Zahl des laufenden Jahres unserer Zeitrechnung, z. B. also gegenwärtig zu 820, 13. Indiktion [s. u.], zähle ein Viertel dieser Zahl hinzu, also in unserem Beispiel 205, denn alle vier Jahre wird ein Schalttag eingefügt; ohne die Berücksichtigung der Schalttage wird die Division durch 7 unkorrekt. 820 + 205 ergibt 1025. Dazu ist nochmals 4 zu addieren, denn im Jahr der Geburt Christi [das ist das „Jahr 0", also 1 v. Chr.] war die Zahl der *Concurrentes* 4, [d. h. der 24. März war ein Mittwoch], Ergebnis: 1029. Dies durch 7 geteilt ergibt $100 \cdot 7 = 700$, $40 \cdot 7 = 280$, $7 \cdot 7 = 49$. Addiere die drei Teilergebnisse $700 + 280 + 49$ und du erhältst 1029. Da kein Rest bleibt, sind die *Concurrentes* dieses Jahres sieben."

Die Kenntnis von Epakte oder Goldener Zahl und Konkurrente genügen, um einen „immerwährenden Kalender" für das Datum des Osterfestes aufzustellen. Einen solchen finden wir nach F. Piper im *Hortus deliciarum* der Herrad von Landsberg, den wir in der folgenden Tabelle (Abb. VII) reproduzieren (nach Piper, S. 30). Die Ordensfrau Herrad von Landsberg (gest. 1195) verfasste als Äbtissin des Klosters Hohenburg auf dem Odilienberg im Elsass die genannte Schrift, zu Deutsch etwa „Garten der Wonnen", als Kompendium des geistlichen und weltlichen Wissens zur „Erbauung" durch Bildung für die Mitglieder ihres Konvents. Bei Herrad sind die Ostertermine allerdings nicht wie hier mit ihren julianischen Daten angegeben, sondern mit den sogenannten *Lunar*- oder „Osterbuchstaben": In dreifacher Reihenfolge wurden die Tage des Jahres mit den 20 Buchstaben A bis V (ohne U und J) bezeichnet, zur Unterscheidung im zweiten Durchgang rechts punktiert, im dritten Durchgang links punktiert bis T.

Die üblichen Ostertafeln, auch die des Dionysius und des Beda, hatten allerdings eine andere Struktur und verfolgten auch einen anderen Zweck. Verbindet man den 28-jährigen Sonnenzyklus mit dem 19-jährigen Mondzyklus, so ergibt das einen Zyklus von $19 \cdot 28 = 532$ Jahren, nach dem also der Ostersonntag auf das gleiche Datum fällt. Dieser 532-jährige „Osterzyklus" (*cyclus paschalis* oder *cyclus lunisolaris*), der ursprünglich auf die alexandrinische Kirche zurückgeht, war für das Mittelalter maßgebend und löste alle anderen Regelungen ab.

Epakte	K o n k u r r e n t e							Gold. Zahl
	1	2	3	4	5	6	7	
0	7.4.	6.4.	12.4.	11.4.	10.4.	9.4.	8.4.	1
11	31.3	30.3.	29.3.	28.3.	27.3.	26.3.	1.4.	2
22	14.4.	20.4.	19.4.	18.4.	17.4.	16.4.	15.4.	3
3	7.4.	6.4.	5.4.	4.4.	3. 4.	9.4.	8.4.	4
14	24.3.	23.3.	29.3.	28.3.	27.3.	26.3.	25.3.	5
25	14.4.	13.4.	12.4.	11.4.	17.4.	16.4.	15.4.	6
6	31.3.	6.4.	5.4.	4.4.	3.4.	2.4.	1.4.	7
17	21.4.	20.4.	19.4.	25.4.	24.4.	23.4.	22.4.	8
28	14.4.	13.4.	12.4.	11.4.	10.4.	9.4.	8.4.	9
9	31.3.	30.3.	29.3.	28.3.	3.4.	2.4.	1.4.	10
20	21.4.	20.4.	19.4.	18.4.	17.4.	16.4.	22.4.	11
1	7.4.	6.4.	5.4.	11.4.	10.4.	9.4.	8.4.	12
12	31.3.	30.3.	29.3.	28.3.	27.3.	26.3.	25.3.	13
23	14.4.	3.4.	19.4.	18.4.	17.4.	16.4.	15.4.	14
4	7.4.	6.4.	5.4.	4.4.	3.4.	2.4.	8.4.	15
15	24.3.	23.3.	22.3.	28.3.	27.3.	26.3.	25.3.	16
26	14.4.	13.4.	12.4.	11.4.	10.4.	16.4.	15.4.	17
7	31.3.	30.3.	5.4.	4.4.	3.4.	2.4.	1.4.	18
18	21.4.	20.4.	19.4.	18.4.	24.4.	23.4.	22.4.	19

Abb. VII: Immerwährende Ostertafel, nach Herrad von Landsberg

Wie man aus der für den 19-jährigen Zyklus von 532 bis 550 n. Chr. reproduzierten Ostertafel des Dionysius erkennt (Abb. VIII), wird in den Ostertafeln für jedes Jahr eines solchen Zyklus nicht nur das Datum des Osterfestes angegeben, sie beinhalten darüber hinaus weitere astronomische und chronologische Angaben. Beim Gebrauch dieser Tafeln braucht der Nutzer nicht mehr zu rechnen, im Gegensatz zur immerwährenden Tafel der Herrad von Landsberg.

Der hier nach Bruno Kusch wiedergegebene Teil der vollständigen Tafel beginnt *anno Domini Jesu Christi* 532, d. h. dem 248. Jahr der bis dahin üblichen Diokletianischen Jahreszählung. Der vorangehende Osterzyklus begann also im Jahr 1 v. Chr. Die in der zweiten Spalte angegebene Indiktion, ist ein 15-jähriger Zyklus, beginnend im Jahr 3 v. Chr. Es handelt sich um eine alte Zeitrechnung unbekannter Herkunft (vielleicht Ägypten), die durch Justinian gesetzlich vorgeschrieben wurde.

Jahr n.Chr.	In- dik- tion	Epakte	Kon- kur- rente	Gol- dene Zahl	Frühlings- Vollmond	Oster- datum	Mond- alter Ostern
532	10	0	4	17	5.4.	11.4.	20
533	11	11	5	18	25.3.	27.3.	16
534	12	22	6	19	13.4.	16.4.	17
535	13	3	7	1	2.4.	8.4.	20
536	14	14	2	2	22.3.	23.3.	15
537	15	25	3	3	10.4.	12.4.	16
538	1	6	4	4	30.3.	4.4.	19
539	2	17	5	5	18.4.	24.4.	20
540	3	28	7	6	7.4.	8.4.	15
541	4	9	1	7	27.3.	31.3.	18
542	5	20	2	8	15.4.	20.4.	19
543	6	1	3	9	4.4.	5.4.	15
544	7	12	5	10	24.3.	27.3.	17
545	8	23	6	11	12.4.	16.4.	18
546	9	4	7	12	1.4.	8.4.	21
547	10	15	1	13	21.3.	24.3.	17
548	11	26	3	14	9.4.	12.4.	17
549	12	7	4	15	29.3.	4.4.	20
550	13	18	5	16	17.4.	24.4.	21

Abb. VIII: Auszug aus der Ostertafel des Dionysius Exiguus

3.7 Rechnen mit Fingern und Tabellen

Schlägt man den wichtigsten komputistischen Text des gesamten Mittelalters, also (wie wir auf den vorangehenden Seiten gesehen haben) Bedas *De temporum ratione* auf, so wird man, noch bevor die eigentliche Erläuterungen zur Zeitrechnung beginnen, mit einem Kuriosum überrascht. Das erste Kapitel ist überschrieben mit *De Computo uel Loquela Digitorum*, „Vom Rechnen oder Sprechen der Finger".

Beda gibt hier die einzige vollständige Beschreibung der schon aus der Antike bekannten „Fingerzahlen", eine Methode, mit der man durch Beugen der Finger (*digiti*) die Einer, der Gelenke (*articuli*) die Zehner und durch verschiedene Stellungen der Arme alle Zahlen unter einer Million darstellen kann. Beda betont zwar, dass der angehende Komputist sich zuerst in dieser Methode vervollkommnen soll, worin der eigentliche Nutzen dieser Fingerzahlen bestehen könnte, sagt er aber nicht. Da die komputistischen Rechnungen, wie wir gesehen haben, nur recht einfache Aufgaben zu den Grundrechenarten verlangen, wird man sich bei deren Ausführung auf das Kopfrechnen beschränkt haben. Dazu könnten die Fingerzahlen bei entsprechendem Geschick und hinreichender Übung nützliche Hilfe leisten. Da nämlich Multiplikationen nach dem Prinzip des „Distributivgesetzes" in mehreren Schritten vonstattengehen (bei Divisionen ähnlich), muss man sich die Teilergebnisse merken, wenn man sie nicht schriftlich oder auf einem Rechenbrett festhalten will. In solchem Fall könnte eine Gedächtnisstütze willkommen sein. Zum Beispiel wird XXXII mal VI als XXX mal VI plus II mal VI ausgeführt, man muss sich also nach der Multiplikation XXX mal VI das Zwischenergebnis CLXXX merken, bis man das Produkt II mal VI gefunden hat, um es zu dem ersten zu addieren.

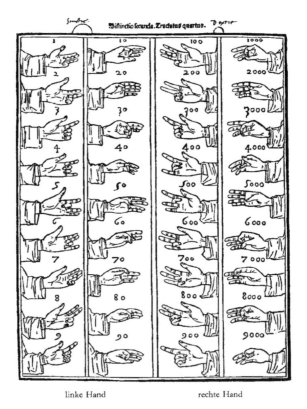

linke Hand   rechte Hand

Abb. IX: Fingerzahlen, aus der *Summa de arithmetica* des Luca Pacioli, Venedig 1494. Im Vergleich mit Beda sind die Hunderter und Tausender an der rechten Hand vertauscht (Menninger Bd. II, S. 5).

Allerdings finden wir in den frühmittelalterlichen Quellen kaum Hinweise, wie das praktische Rechnen ausgeführt wurde. Man muss deshalb davon ausgehen, dass solche Fertigkeiten als bekannt vorausgesetzt wurden. Das bestätigen auch die komputistischen Texte, in denen von den Grundrechenarten Gebrauch gemacht wird, etwa zur Bestimmung von Goldener Zahl, Epakten und Ähnlichem, ohne dass darin Unterricht erteilt würde. Eine Ausnahme haben wir im vorigen Abschnitt an einem Beispiel aus dem Komputustext des Hrabanus Maurus vorgeführt, wo die Berechnung der Konkurrente des Jahres 820 in allen Einzelheiten durchgeführt wird. Diese Rechnung bestätigt das oben genannte Verfahren der Kopfrechnung. Jedoch bleibt das eine Ausnahme. Systematische Anleitungen gibt es in frühmittelalterlichen Texten nicht.

Weitaus wichtigere Rechenhilfsmittel als Fingerzahlen waren Rechentafeln (nicht zu verwechseln mit Rechenbrett oder Abakus). Wie wir wissen, war bei den Römern – wie schon zuvor bei den Griechen – als Rechenhilfsmittel der Abakus in Gebrauch, den wir weiter unten beschreiben. Im Frühmittelalter scheint das Abakusrechnen aber weitgehend in Vergessenheit geraten zu sein. Stattdessen waren Tabellen in Gebrauch gekommen, die als Hilfsmittel für Multiplikationen und Divisionen sowohl von ganzen Zahlen als auch von Brüchen dienten. Eine solche ist der im Frühmittelalter weit verbreitete „Calculus des Victorius", benannt nach dem Mönch und Mathematiker Victorius von Aquitanien, der um die Mitte des 5. Jahrhunderts n. Chr. wirkte. Über seine Biografie ist fast nichts bekannt, außer dass er aus Aquitanien (Südwestfrankreich) stammt, dass er neben der genannten Rechentafel auf Veranlassung des Papstes um das Jahr 457 eine komputistische Schrift mit dem Ziel verfasste, die zum Teil unklaren Berechnungsmethoden der Alexandriner für das Datum des Osterfestes zu verbessern und zu einem einheitlichen Verfahren mit der Ostkirche zu kommen. Dieses Ziel erreichte er allerdings nicht.

Bemerkenswert, aber nicht erstaunlich, ist, dass eine Rechenhilfe ausgerechnet von einem Komputisten verfasst worden ist. Dies spricht dafür, dass sich gerade auf diesem Felde die freien Künste – hier insbesondere die Astronomie, aber auch das übrige Quadrivium wurde häufig in komputistischen Werken behandelt – mit den „praktischen" Künsten begegneten.

Der Calculus des Victorius besteht aus 49 Doppelspalten (vgl. Christ, S. 100–152). In der rechten Spalte jeder dieser Doppelspalten stehen (von oben nach unten) die Hunderter von Tausend abwärts, danach die Zehner und die Einer, gefolgt von den Brüchen, wie sie in der untenstehenden Tabelle aufgeführt sind (ohne 1/96, 1/192 und die folgenden). In der linken Spalte der n-ten Doppelspalte stehen die $(n + 1)$-fachen der Zahlen der rechten Spalte für $n = 2$ bis $n = 50$.

Im Grunde kann man – vom heutigen Standpunkt des dezimalen Positionssystems aus gesehen – die Angaben zusammenfassend beschreiben als $2n$, $3n$ usw. bis $50n$ für die Zahlen $n = 1$ bis 10. Dass darüber hinaus auch noch $20n$, $30n$ usw. bis $500n$ sowie $200n$, $300n$ usw. bis $500n$ tabelliert sind, ist wohl den Besonderheiten des römischen Zahlsystem zuzuschreiben, in dem eben III mal V (schon optisch) etwas grundsätzlich anderes ist als III mal L.

Diese Tabelle konnte also zum Multiplizieren, aber auch zum Dividieren benutzt werden. Kommen in einer Aufgabe Zahlen vor, die nicht in der Tabelle verzeichnet sind, hat man, wie oben bei den Fingerzahlen erläutert, nach dem Distributivgesetz Zwischenergebnisse abzulesen, sich zu merken (ggf. schriftlich oder mit Hilfe der Fingerzahlen) und zusammenzufassen.

Konnte man das Rechnen mit ganzen Zahlen noch einigermaßen im Kopf durchführen, versagte diese Methode fast vollends beim Rechnen mit Brüchen.

Die römischen Brüche werden von dem in zwölf Teile geteilten römischen Pfund, dem *As* abgeleitet. 1/12 *As* wurde als Unze (*uncia*) bezeichnet. Im Laufe der Zeit wurde eine Unze auch als unbenannter Bruch, also 1/12, aufgefasst. Weitere Brüche entstanden durch fortgesetzte Halbierung und Drittelung der Unze. Jeder dieser Brüche hatte einen besonderen Namen und ein individuelles Zeichen, was das Rechnen mit Brüchen außerordentlich komplizierte.

Manche Brüche konnten immerhin als Summe benannter Brüche angegeben werden, manche, wie beispielsweise 1/7, konnten überhaupt nicht dargestellt oder ausgesprochen werden. Während in unserer heutigen Bruchrechnung Aufgaben wie $9 \cdot 1/72 = 1/8$ oder $15 \cdot 1/48 = 5/16$ leicht zu bewältigen sind, hat es der Rechner der Antike und des Mittelalters entschieden schwerer. Das wird schon an den sprachlichen Ausdrücken für die Brüche deutlich, noch mehr aber daran, dass nur wenige Brüche überhaupt einen Namen oder ein Zeichen hatten und deshalb auch nur diese bei einer Rechnung – und vor allem bei dem Ergebnis einer Rechnung, die nicht einen der benannten Brüche zu ergeben brauchte – verwandt werden konnten. So lautet z. B. die erste der beiden obigen Aufgaben in der Terminologie des Victorius (vgl. die folgende Tabelle): *novies sextula facit sescunciam*, die zweite *decies quinquies sicilicus facit quadrantem et semunciam et sicilicum* [ebd. S. 111]. Der Bruch 5/16, der keinen Namen hat, wird hier also als 1/4 + 1/24 + 1/48 wiedergegeben, was an die Stammbruchzerlegungen der Ägypter erinnert.

In Abb. X sind die Zeichen und Namen römischer Brüche aufgeführt, wie sie – mit einigen wenigen Abwandlungen und Einschränkungen – auch noch im Mittelalter gebräuchlich waren.

ǀ	as 1	**ϒ**	uncia 1/12
ЖҒ	deunx 11/12	**Ⴚ**	semuncia 1/24
ƕ	dextans 5/6	**ω**	duella 1/36
ƕ	dodrans 3/4	**Ɔ**	sicilicus 1/48
ƕ	bisse 2/3	**ʋ**	sextula 1/72
ƒ	septunx 7/12	**ϰ**	dragma 1/96
ʃ	semis 1/2	**Ψ**	hemisescla 1/144
Ƿ	quincunx 5/12	**ᒚ**	tremissis 1/192
Ƶ	triens 1/3	**ЖҒ**	scripulus 1/288
ϒ	quadrans 1/4	**⌐,ᐟ**	obolus 1/576
Ɂ	sextans 1/6	**z**	cerates 1/1152
£	sescuncia 1/8	**ᴇ₀ꟙ**	siliqua 1/1728
ϒ	uncia 1/12	**α**	calcus 1/2304

Abb. X: Römische Brüche wie sie – z. T. abweichend von der Antike – im Mittelalter in Gebrauch waren (nach Vogel, S. 18).

Der Calculus des Victorius ist im Wesentlichen eine Kopie eines weit älteren Rechenbuches, das aus dem 2. Jahrhundert n. Chr. stammen dürfte. Als Übungsbuch in römischen und mittelalterlichen Schulen sowie als Hilfe für den Praktiker waren Bücher dieser Art nicht selten. Der letztgenannte Zweck wird dadurch bestätigt, dass sich Victorius selbst, wie erwähnt, mit Kalenderrechnung beschäftigte, und dass eine gekürzte Fassung in einer Ausgabe von Bedas *De temporum ratione* zu finden ist. Die weite Verbreitung und das hohe Ansehen, in dem die Schrift des Victorius im Frühmittelalter stand, wird auch dadurch bezeugt, dass Abbo von Fleury im 10. Jahrhundert eine *Explanatio in calculo victorii* verfasste, die er nach eigenen Worten auf Bitten seiner zahlreichen Schüler geschrieben habe (Lindgren, S. 60).

3.8 Abakus und Algorismus

Die älteste und ursprünglichste Art zu zählen und zu rechnen bedient sich des Legens von Steinchen, Plättchen oder ähnlicher Gegenstände. Ging es zunächst nur darum, eine Anzahl Steinchen als „Äquivalent" für eine abzuzählende Menge zusammenzulegen, z. B. eine Herde von Tieren, wie uns Herodot von dem geblendeten Kyklop in den Irrfahrten des Odysseus berichtet, so entwickelte sich diese Methode schon früh zu einem nützlichen Hilfsmittel für einfache Rechnungen. Die Pythagoreer haben das Auslegen von Steinchen in Form geometrischer Figuren zum Auffinden arithmetischer Gesetzmäßigkeiten der natürlichen Zahlen verwandt; hieraus könnte sich der griechische Begriff der „Zahl als Menge von Einheiten" entwickelt haben. Es ist naheliegend, das Abakusrechnen, d. h. das Rechnen mit Hilfe von Rechensteinen auf einem besonders hergerichteten Rechenbrett, in dieser Tradition zu sehen. Allerdings lassen sich die Ursprünge nicht mehr rekonstruieren.

Ähnlich unserer Zahlschreibweise im Positionssystem beruht das Prinzip des Abakusrechnens immer auf der Positionierung von Einheiten, d. h. von Rechensteinen, von denen jeder die Zahl 1 repräsentiert, nach Potenzen einer Grundzahl. Dazu wird das Rechenbrett durch vertikale (später auch horizontale) Linien eingeteilt. Ist die Grundzahl z. B. 10, so werden die Spalten der Reihe nach mit den Potenzen von 10 bezeichnet, in römischen Zahlzeichen also I, X, C etc. Eine gegebene Zahl kann dann durch Auslegen von bis zu neun Rechensteinen in den Spalten eindeutig dargestellt werden. Die in unserer Zahlschrift gebräuchliche Null wird dabei durch das Fehlen eines Steines dokumentiert, m. a. W. durch „sunja", das alte indische Wort für „Leere", das von den Indern beim Übergang von der verbalen Zahlschrift zur Ziffernschrift durch die uns bekannte „0" ersetzt wurde. In der Positionsschreibweise Mesopotamiens (Grundzahl 60) wurde eine solche „Leer"-Stelle als Lücke freigelassen, wodurch wegen des Fehlens der Spalten allerdings die Eindeutigkeit der Zahldarstellung verloren ging.

Das Grundprinzip bei allen Rechnungen auf dem Rechenbrett ist das „Bereinigen". Ergeben sich bei einer Rechnung in einer Spalte 10 oder mehr Steine (im Zehnersystem), so werden 10 von ihnen entfernt und durch einen Stein in der nächsten Spalte ersetzt. Bei der Subtraktion muss dieses Verfahren gegebenenfalls umgekehrt durchgeführt werden. Multiplikation und Division beruhen immer auf dem Distributivgesetz.

Das älteste erhaltene Rechenbrett wurde auf der Insel Salamis in Griechenland gefunden; sein Alter ist unbekannt. Neben den Spalten für die Zehner gibt es Fünferspalten und zusätzliche Spalten für „Brüche", genauer: für Teile einer Drachme mit besonderen Zeichen für diese kleinen Münzeinheiten. Das deutet auf seinen Gebrauch bei Kaufleuten hin, was auch sonst belegt ist. Übrigens stammt das Wort „Abakus" von den Griechen, die das Rechenbrett *abax* oder *abakion* nannten.

Die Römer haben „ihren" Abakus an ihr Zahlsystem angepasst, dessen Besonderheit in der Fünferbündelung besteht. Außer den Steinen mit dem Zahlwert 1 gibt es noch Steine mit dem Wert 5. Die vertikalen Zehnerspalten sind in der Mitte durch eine horizontale Linie unterbrochen, die obere Hälfte nimmt die Fünfersteine auf, die untere Hälfte die Einersteine.

Eine besondere Erfindung der Römer ist der „Handabakus". Er unterscheidet sich vom üblichen Abakus einerseits – wie der Name sagt – durch seine Größe, die etwa der einer Handfläche entspricht, andererseits dadurch, dass die Rechensteine sich in Rillen befinden, in denen sie verschoben, aus denen sie aber nicht entfernt werden können. Die Rillen sind in der Mitte unterbrochen. Oben gibt es (in jeder Rille) einen Stein mit dem Wert 5, unterhalb vier Steine, die jeweils eine Einheit repräsentieren. In der Ausgangsstellung befinden sich die Fünfersteine ganz oben, die Einersteine ganz unten. Zur Darstellung einer Zahl werden die entsprechenden Steine zur Mitte hin verschoben; bei der 8 beispielsweise der Fünferstein der Einerrille von oben zur Mitte, drei Einersteine der Einerrille von unten zur Mitte; für die Darstellung der 30 werden in der Zehnerrille drei Steine von unten zur Mitte geschoben, alle anderen befinden sich in der Ausgangsstellung am oberen bzw. unteren Rand. Neben den Spalten für die Einer, Zehner usw. können rechts noch Spalten bzw. Rillen für das Rechnen mit Bruchteilen vorhanden sein: eine für die Unzen (= Zwölftel, s. o.) und je nach Ausführung weitere Rillen für Bruchteile einer Unze. Wegen der vorgegebenen unveränderbaren Anzahl der Steine hat man jede Zwischenrechnung im Kopf zu bereinigen: Bei der Rechnung 8 + 5 – um ein einfaches Beispiel zu nennen – kann man nicht, wie beim gewöhnlichen Abakus, zwei Fünfer- und drei Einersteine in die Einerspalte legen und danach

bereinigen zu einem Einerstein in der Zehnerspalte und drei Einerstei-
nen in der Einerspalte. Diese Tatsache wird den Gebrauch des Handabakus wohl – zumindest bei Multiplikations- und Divisionsaufgaben –
auf ganz einfache Fälle eingeschränkt haben. Daher blieb das gewöhnli-
che Rechenbrett auch weiterhin in Gebrauch. Immerhin hatten die Römer hier einen bequemen „Taschenrechner" erfunden.

Eine mit mancherlei Rätseln behaftete Erscheinung auf dem Feld des
Abakusrechnens ist der später sogenannte „Gerbertsche"- oder „Klosterabakus" (Abb. XI). Ungewöhnlich ist zunächst nicht das eigentliche
Rechenbrett, dieses unterscheidet sich im Prinzip nicht von den herkömmlichen Exemplaren. Vollkommen aus dem bisherigen Rahmen
fallen dagegen die Rechensteine, die sogenannten *apices* oder *characte-
res*: jeder von ihnen war mit einem Zahlzeichen für 1 bis 9 versehen.
Obwohl für das Abakusrechnen überflüssig, gab es auch für die Null
einen bezeichneten Rechenstein, das Zeichen war ein kleiner Kreis,
rotula genannt. Legt man in die Spalten für die Einer, Zehner usw. je
einen (!) dieser Rechensteine, so hat man eine Zahldarstellung im uns
geläufigen dezimalen Positionssystem.

Abb. XI: Klosterabakus (Ausschnitt): In der mittleren Zeile stehen Zei-
             chen für die Zahlen von 1 bis 9 (von rechts nach links), die bei
             den Abakisten des 11. Jahrhunderts allgemein bekannt waren,
             deren Herkunft bis heute aber ungeklärt ist (London Lansdowne
             842, nach Folkerts 1970, Tafel 12).

Schon zu seinen Lebzeiten wurde Gerbert von Aurillac als Erfinder
dieses Verfahrens angesehen. Gerberts Schüler und Biograf Richer berichtet, dass Gerbert die Rechensteine mit den Ziffern von 1 bis 9 versehen habe und hiervon 1000 Exemplare aus Horn habe anfertigen lassen mit denen er, auf die 27 (!) Kolumnen des Abakus verteilt, die Multiplikationen und Divisionen aller Zahlen habe wiedergeben können.

Ob Gerbert wirklich der Erfinder des Abakus mit bezeichneten Rechensteinen ist oder ob er diesen aus dem arabischen Raum in das Abendland eingeführt hat – was die verbreitete Bezeichnung „Gerbertscher Abakus" rechtfertigen würde –, bleibt umstritten. Nagl bemerkt:

„Radulph von Laon wiederholt die in fast allen Schriften dieser Schule [der Abakisten] vorkommende Angabe, dass die Wissenschaft dieser Rechenmethode ein alter Besitz des Abendlandes gewesen und allmählich fast in Vergessenheit geraten sei, bis Girbertus sie durch seine Studien wieder hervorgezogen" (Nagl, S. 89).

Gerbert ist danach jedenfalls nicht der Erfinder. Allerdings ist es nicht sicher, ob der hier genannte Girbertus mit Gerbert identisch ist. Darüber hinaus stellt Bergmann fest, dass das Kolumnenrechnen mit bezeichneten Rechensteinen schon im 10. Jahrhundert im Abendland bekannt war und auch praktiziert wurde, so in St. Gallen, Speyer, Lobbes (Lothringen), Lüttich und Fleury. Gerbert sei demnach nicht nur nicht der Erfinder dieser Art des Abakusrechnens, er habe es auch nicht neu ins Abendland eingeführt (Bergmann, S. 175ff.).

Abgesehen von der Addition und Subtraktion brachte die Verwendung bezeichneter Rechensteine gewisse Vorteile gegenüber dem üblichen Abakus mit unbezeichneten Steinen. Während letzterer lediglich die Funktion hatte, Zwischenrechnungen, die im Kopf ausgeführt werden mussten, als Gedächtnisstütze festzuhalten, konnten auf dem Gerbertschen Abakus Rechnungen ausgeführt werden, die dem schriftlichen Rechnen sehr nahe kamen.

Neben der Addition und der Subtraktion lässt sich auch die Multiplikation noch vergleichsweise leicht in der uns geläufigen Weise ausführen. Neben dem „kleinen Einmaleins" musste man eine Stellenregel beherrschen, die angibt, in welche Kolumne die Apices, die den durch Kopfrechnen ermittelten Zwischenergebnissen entsprachen, gelegt werden mussten.

Schwieriger ist die Division, für die auch in der Zeit des schriftlichen Rechnens verschiedene Verfahren in Gebrauch waren. Die *divisio aurea*, die goldene Regel, fand in angepasster Form (Ziffern streichen statt Rechensteine wegnehmen) auch in späteren Jahrhunderten beim schriftlichen Rechnen im dezimalen Positionssystem Verwendung und ist dem heutigen Verfahren vergleichbar. Ein älteres Verfahren, das auch von Gerbert benutzt worden sein könnte, ist die *divisio ferrea*, die eiserne Regel. Sie unterscheidet sich von der erstgenannten (und der unsrigen) dadurch, dass man den Teiler, z. B. 43, auf den nächsten Zehner erhöht, hier also auf 50, und anschließend den Fehler wieder ausgleicht. Das brachte einerseits eine Erleichterung für die im Kopf auszuführenden Zwischenrechnungen, verkomplizierte das Verfahren jedoch. Es ist zwar ein *Commentarius in Gerberti Regulae de numerorum abaci rationibus* über das Rechnen mit dem neuen Abakus überliefert (verfasst um 980, s. Bubnov, S. 245ff.), es findet sich hier aber, anders als der Titel erwarten lässt, keine Auskunft darüber, wie die Rechenarten praktisch auszuführen sind.

Wenn wir auch nicht wissen, wie Gerbert tatsächlich auf dem Abakus gerechnet hat, jedenfalls war er nach dem Zeugnis von Zeitgenossen berühmt dafür, dass er sehr schnell mit großen Zahlen operieren konnte. Einigen Zeitgenossen schien die Gerbertsche Technik allerdings derart kompliziert und undurchschaubar, dass man ihn verdächtigte, mit dem Teufel im Bunde zu stehen. Tatsächlich verlangte die praktische Handhabung der vielen verschiedenen Rechensteine, das dauernde Sortieren, Zurücklegen und Ähnliches wohl eine große Geschicklichkeit. Das alles mag dazu geführt haben, dass sich diese Form des Abakusrechnens in der Praxis nicht durchgesetzt hat. Bis an das Ende seiner Geschichte ist diese Art des Abakusrechnens reine Schulwissenschaft geblieben. Das theoretische Interesse ging der praktischen Bedeutung weit voraus und beschränkte den Einsatz auf den klösterlichen Unterricht im Quadrivium. So ist „Klosterabakus" eine passende Bezeichnung, „Gerbertscher Abakus" aber nicht. Im 12. Jahrhundert verschwand der Klosterabakus vollständig von der Bildfläche und wurde – parallel zur Entwicklung des schriftlichen Rechnens im indischen dezimalen Positionssystem – wieder durch den antiken Abakus ersetzt. Dies hängt vor allem mit der Verbreitung arabischer „Algorismustexte" im 12. Jahrhundert zusammen.

Wenden wir nun den Blick vom Abakus zum Algorismus. Die Bezeichnung „Algorismus" ist eine Verstümmelung des Namens al-Hwarizmi, des Autors einer Schrift, die im arabischen Original mit den Worten „al-Hwarizmi hat gesagt" beginnt, woraus bei einer Übersetzung ins Lateinische die Wendung *Dixit Algorismi* – geworden ist. Das arabische Original ist verloren; es existieren aber Bearbeitungen einer lateinischen Übersetzung aus dem 12. Jahrhundert (Für eine Edition mit Übersetzung und Kommentar siehe Folkerts 1997).

Dixit algorismi lehrt die Schreibweise der ganzen Zahlen im dezimalen Positionssystem und das schriftliche Rechnen der Grundrechenarten Addieren, Subtrahieren, Halbieren, Verdoppeln, Multiplizieren (einschließlich der Neunerprobe), Dividieren und das Ausziehen der Quadratwurzel aus ganzen Zahlen und Brüchen. Mit Brüchen wird nicht im Dezimal-, sondern im Sexagesimalsystem gerechnet, wie es in der Astronomie üblich war. Dies alles wird in rein verbaler Form ohne Fachausdrücke und ohne Symbole dargeboten, was das Verständnis des Textes erheblich erschwert.

Auf Grund dieses Inhalts wurden in der Folgezeit Abhandlungen über diese Gegenstände allgemein als „Algorismusschriften" bezeichnet, und der heute gebräuchliche Terminus „Algorithmus" hat hier seinen Ursprung.

Über das Leben al-Hwarizmis ist fast nichts bekannt; für das Wenige verweisen wir auf 5.1. Über die Quellen, die er benutzt hat, gibt es nur Vermutungen. Sicher ist, dass die indischen Ziffern und das Rechnen im dezimalen Positionssystem – einschließlich der dafür notwendigen Rechenregeln für die Null – seit dem 7. oder 8. Jahrhundert auch außerhalb Indiens bekannt waren. Um 760 finden sich die Ziffern in einem (nichtmathematischen) Text des arabischen Mathematikers Ibn Haiyan. Vorher war bei den Arabern – wie allgemein im östlichen Mittelmeerraum – das griechische System der Buchstabenzahlen in Gebrauch. Die ältesten, in arabischen Originalen überlieferten Schriften über das neue Rechnen stammen aus dem 10. und frühen 11. Jahrhundert, gefolgt von zahlreichen weiteren Texten, die zwar keine wesentlichen Neuerungen brachten, den Stoff aber klarer und durchdachter darboten. Das zeigt, dass es erst einer Phase der Durchdringung und des Einübens bedurfte, damit die neuen Methoden angemessen und verständlich dargestellt werden konnten.

Von den lateinischen Bearbeitungen des auf al-Hwarizmi zurückgehenden lateinischen Textes sind in erster Linie der *Liber Ysagogarum Alchorismi*, der *Liber Alchorismi* und der *Liber pulveris* zu nennen. Diese stammten aus dem 12. Jahrhundert; die Verfasser sind unbekannt. Für das erste Werk wird häufig Adelard von Bath genannt, für das zweite Johannes von Sevilla (Hispalensis).

Diese drei Bearbeitungen (neben der Übersetzung selbst) wurden die Vorbilder für eine Reihe weiterer Algorismustraktate. In der ersten Hälfte des 13. Jahrhundert entstanden zwei Werke, die schnell eine weite Verbreitung fanden: das *Carmen de Algorismo* (in 284 Hexametern) von Alexander de Villa Dei (gest. um 1240) und der *Algorismus vulgaris* von Johannes de Sacrobosco (gest. 1236 (?)). Beide Schriften beschränken sich allerdings (im Gegensatz zum *Dixit Algorismi*) auf das

Rechnen mit ganzen Zahlen (*Algorismus de integris*). Über die Bruchrechnung (*Algorismus de minutiis*), die sich auch im *Dixit Algorismi*
findet, unterrichtet eine kleine Schrift, die ebenfalls dem 13. Jahrhundert
zuzurechnen ist.

Insbesondere die Schrift Sacroboscos wurde für 200 Jahre – zusammen mit seiner „Sphärik" – zum maßgeblichen Lehrwerk auf diesem
Gebiet an den Universitäten. Sacrobosco schreibt die Erfindung des
indischen Zahlsystems den „Arabern oder Juden" zu, was möglicherweise der Grund für die noch heute übliche Bezeichnung „arabische
Ziffern" ist (vgl. Gericke II, S. 118).

In Italien wurde das neue Ziffernsystem und das schriftliche Rechnen
vor allem durch den Kaufmannssohn Leonardo von Pisa, gen. Fibonacci
verbreitet. Leonardo, lebte von 1180 bis 1250. Er stammte aus einer
Kaufmannsfamilie in Pisa und unternahm Geschäftsreisen im Mittel-
raumraum, nach Nordafrika und in den Vorderen Orient. Auf diesen
Reisen machte er sich mit den mathematischen Kenntnissen seiner Zeit
vertraut. Um 1200 kam er nach Pisa zurück und verfasste hier mehrere
mathematische Werke, darunter sein erstes und wichtigstes, den 1202
erschienene *Liber abbaci*. Hierin wurde u. a. das Rechnen mit dem indischen Zahlsystem behandelt, aber trotz einer zweiten, stark überarbeite-
ten und erweiterten Auflage 1228 sollte es noch einige hundert Jahre
dauern – auch (und gerade) bei den Handelsleuten –, bis dieses System
allgemein in Gebrauch kam. Die neuen Methoden im *Liber abbaci* waren auf die Anwendungen in der kaufmännischen Praxis ausgerichtet.
Daraus folgte aber nicht, dass die Kaufleute diese Methoden schnell
aufgenommen hätten. Vielmehr stieß die Einführung der indisch-
arabischen Ziffern in der Geschäftswelt auf erhebliche Widerstände,
weil die Anwendung dieser Symbole die Kaufmannsbücher vermeint-
lich schwer lesbar machen würde und Verwechslungen zu befürchten
seien. Im Jahr 1299 wurden die Geldwechsler von Florenz gar verpflichtet, ausschließlich römische Zahlen zu verwenden. Erst im Laufe
des 14. Jahrhunderts begannen italienische Kaufleute, indische Ziffern
in ihren Kontobüchern zu schreiben. In den Kontobüchern der Medici
wurden die römischen Ziffern zu Beginn des 15. Jahrhunderts nach und
nach durch die indischen ersetzt, aber erst an dessen Ende wurden nur
noch indische Ziffern in allen Kontobüchern der Medici verwendet.

Wie bereits angedeutet, hat das Werk Leonardos zunächst keinen
nennenswerten Einfluss auf die Entwicklung der Mathematik nördlich
der Alpen gehabt. Insbesondere konnte es sich nicht in den Universitä-

ten etablieren, obwohl alle bedeutenden Wissenschaftler des 13. und 14. Jahrhunderts – zumindest vorübergehend – mit den Universitäten verbunden waren und den Unterricht in deren Fakultäten beeinflussten. Stattdessen wurden die Methoden in städtischen oder privaten Rechenschulen gelehrt und weiterentwickelt. Die Lehrer an diesen Schulen hatten keinen Bezug zur Universität, sie bildeten stattdessen eine Art eigener Gilde, die der „Rechenmeister" in Deutschland, die der „Maestri del'Abaco" in Italien.

4. *Harmonia mundi* –
Theorie und Anwendung der Proportion

4.1 Pythagoreische Proportionenlehre

Das mittelalterliche Denken hat auf verschiedenen Gebieten eine ausgeprägte Tendenz zur Quantifizierung entwickelt bis hin zu extremen, in unseren Augen absonderlichen Formen. Dies hängt mit der von Autoren des Mittelalters ständig wiederholten pythagoreischen Doktrin zusammen, der zufolge die Zahl das Maß aller Dinge sei und ohne die Zahl alles ins Chaos zerfiele. Die irdische und kosmische Harmonie manifestiere sich in den „rechten" Zahlenverhältnissen und könne nur durch diese erfasst werden. Für die Pythagoreer ergab sich daraus mit fast zwingender Notwendigkeit, eine Proportionenlehre zu schaffen, die es gestattete, Verhältnisse von Größen in einem umfassenden Sinn durch Verhältnisse von natürlichen Zahlen auszudrücken.

Dieses Gedankengut wurde durch die Theologen der frühen Kirche und spätere Autoritäten an das Mittelalter überliefert. Die Zahl und noch mehr die Proportionenlehre wurde so zu einem universellen Hilfsmittel in den Betrachtungen über die Ordnung der Schöpfung; einer Ordnung, die sich aber nicht nur in den Naturerscheinungen manifestiert, sondern ebenso im ästhetischen Empfinden des mittelalterlichen Menschen. Was man in Zahlen oder, besser noch, in Zahlenverhältnissen ausdrücken kann, ist der Vernunft zugänglich, kann verstanden und anderen mitgeteilt werden.

Über die mathematische Seite der Proportionenlehre (zu der wir in diesem Abschnitt einige Hinweise geben wollen) haben sich mittelalterliche Gelehrte kaum Gedanken gemacht. Diese schien durch die griechischen Mathematiker ein für allemal kodifiziert, so dass dem nichts hinzuzufügen sei. Erst relativ spät ist ihnen klar geworden, dass durch den Filter der Neupythagoreer von der griechischen Arithmetik eine Menge verlorengegangen ist. Dazu zählt vor allem die geniale Schöpfung des Eudoxos (vgl. 6.3), der die Proportionenlehre an die Erkenntnisse seiner

Zeit (um 400 v. Chr.) über inkommensurable Verhältnisse angepasst und zu einem schlagkräftigen Hilfsmittel für ganz neue Methoden ausgebaut hatte. Auch nach deren Bekanntwerden aus arabischen Quellen (vgl. 5.1) wurde sie nicht wirksam; die Sache war zu abstrakt, als dass man (jedenfalls vor dem 14. Jahrhundert) damit etwas hätte anfangen können.

Die frühpythagoreische Proportionenlehre ist uns am besten in Buch VII der „Elemente" Euklids überliefert. Eine Definition des Begriffs „Verhältnis" suchen wir allerdings auch dort vergebens. Kryptische Mitteilungen, wie Definition 3 in Buch V: „Verhältnis ist das gewisse Verhalten zweier gleichartiger Größen der Abmessung nach", helfen da nicht wirklich weiter.

Statt einer Definition kann man den Begriff des Verhältnisses als undefinierten Grundbegriff einführen. Das haben die griechischen Mathematiker im Grunde auch getan und das ist vom Standpunkt der heutigen Mathematik aus berechtigt; bei der Einführung der Brüche verfahren wir heute ebenso. Es kommt dann nur darauf an, zu erklären, welche Größen „ein Verhältnis haben können", wann zwei Verhältnisse gleich genannt werden sollen und nach welchen Regeln mit ihnen zu rechnen ist. In diesen Punkten hilft uns Buch V weiter. In Definition 4 heißt es:

„Dass sie ein Verhältnis zueinander haben sagt man von Größen, die vervielfältigt einander übertreffen können."

Sind a und b die beiden Größen, so muss also $n \cdot a > b$ (oder $n \cdot b > a$) für eine hinreichend große Zahl n gelten. Insbesondere muss der Ausdruck $n \cdot a = a + \ldots + a$ (n Summanden) einen Sinn machen und er muss der Größe nach mit b vergleichbar sein. Zahlen oder Strecken beispielsweise können vervielfältigt, d. h. zu neuen Größen der gleichen Art zusammengesetzt werden, während das für andere Größen wie Zeitspannen, Flächen, Geschwindigkeiten nicht so offensichtlich ist.

Was mit der Formulierung „der Abmessung nach" gemeint ist, ist nicht klar. Eine treffende Interpretation dürfte sein, dass man eine mit a und b gleichartige „Maßeinheit" e hat, mit der a und b (natürlich ganzzahlig) gemessen werden können. In unserer Terminologie bedeutet das, dass $a = m \cdot e$ und $b = n \cdot e$ gilt mit der „Maßeinheit" oder dem „gemeinsamen Maß" e und den „Maßzahlen" m und n. Ist dies der Fall, so sagt man, a und b seien kommensurabel. Dass die Größen a, b ins Verhältnis gesetzt werden können, bedeutet nach Euklid (bei dieser Interpretation) also, dass sie kommensurabel sind.

Ganz unmöglich ist jedenfalls ein Verhältnis von „ungleichartigen" Größen, etwa Zahlen und Strecken oder Strecken und Zeitspannen.

Solche Größen können nach Euklid kein Verhältnis haben. Das hat die Entwicklung der Naturwissenschaft gehemmt, indem sie beispielsweise nicht gestattete, eine Definition und damit ein Maß für den suggestiven Begriff der Geschwindigkeit zu finden; Zeit und Weg können nach Euklid eben nicht ins Verhältnis gesetzt werden (wir werden später noch genauer darauf eingehen).

Nun ist es naheliegend, statt $a:b = me:ne$ einfach $a:b = m:n$ zu schreiben und zu sagen, dass a und b das gleiche Verhältnis haben wie m und n.

Bleibt festzulegen, wann zwei Zahlenverhältnisse gleich genannt werden sollen. Dies geschieht in Buch VII Definition 20:

„Zahlen stehen in Proportion, wenn die erste von der zweiten Gleichvielfaches oder derselbe Teil oder dieselbe Menge von Teilen ist wie die dritte von der vierten."

Ist etwa m das Doppelte oder die Hälfte oder zwei dritte Teile von n, so muss, damit $m : n = p : q$ ist, auch p das Doppelte bzw. die Hälfte bzw. zwei dritte Teile von q sein. Diese, uns umständlich erscheinende Ausdrucksweise, liegt in dem eingeschränkten Zahlbegriff der griechischen Mathematiker begründet.

Verhältnisse inkommensurabler Größen wie Seite und Diagonale eines Quadrates oder eines regulären Fünfecks werden damit nicht erfasst. Wir wollen dies hier nicht weiter kommentieren, weil es von den tatsächlichen und potenziellen Anwendungen her für den mittelalterlichen Gelehrten kaum von Interesse war und zudem wegen der damit verbundenen mathematischen Schwierigkeiten außerhalb ihrer Reichweite lag (sind doch selbst die antiken und islamischen Mathematiker im Großen und Ganzen daran gescheitert). Da es den Pythagoreern ebenso wie den mittelalterlichen Gelehrten aber zunächst nicht um innermathematische Anwendungen ging, reichte diese Beschreibung völlig aus. Wir kommen im letzten Kapitel auf diese Problematik zurück, bemerken jetzt nur, dass dieser eingeschränkte Verhältnisbegriff die Entwicklung der Mathematik und insbesondere ihre mathematisch-naturwissenschaftlichen Anwendungen gehemmt hat. Die Definition der Geschwindigkeit eines Körpers etwa als Verhältnis der zurückgelegten Strecke und der dafür benötigten Zeit ist danach nicht möglich. Das 14. Jahrhundert hat aus diesem Dilemma einen Ausweg gefunden, indem auch solchen Größen, die nicht als Strecken gegeben sind, wie etwa Zeitintervalle, durch Strecken repräsentiert werden.

Die wichtigste – oder besser gesagt: die ursprünglichste und gleichzeitig die nachhaltigste – Anwendung der Proportionenlehre war die Musiktheorie und hierin die Harmonielehre.

4.2 Ars musica

Das antike Erbe der *ars musica* wurde im Mittelalter nach der karolingischen Erneuerung etwa um 900 wieder aufgenommen. Mit dem erwachenden Interesse an den Schriften zum Quadrivium von Martianus Capella, Boethius, Cassiodor und Isidor von Sevilla fiel auch die antike Musiktheorie auf fruchtbaren Boden. Ebenso wurden die Bücher von Augustinus über die arithmetischen Fundamente der Musik wieder gelesen. Selbst die Praxis des liturgischen Gesangs blieb davon nicht unberührt. Sie bildete die Klammer, die die Wissenschaften des Quadriviums mit der Theologie verband.

Spannungen zwischen den Theoretikern und Praktikern sind allerdings immer und überall präsent. *Nam qui facit, qod non sapit, diffinitur bestia*, wie Guido von Arezzo (Benediktinermönch und Musiktheoretiker, gest. um 1050) es den Nur-Praktikern ins Stammbuch schreibt (zit. nach Fellerer, S. 39).

Vor allem war es aber die Theoriebesessenheit der mittelalterlichen Gelehrten, nach deren Meinung – im Gefolge von Augustinus und Boethius – erst die rationale Erkenntnis der Zahlenverhältnisse, die der musikalischen (wie jeder anderen) Harmonie zu Grunde liegen, die Schönheit der Musik und ihre psychologischen Wirkungen ausmacht.

Die Grundlage der pythagoreischen Musiktheorie beschreibt Philolaos von Kroton, der im 5. Jahrhundert v. Chr. gelebt hat und schon zu den „jüngeren Pythagoreern" gerechnet wird, wie folgt:

„Die Größe der Harmonie [Oktave] umfasst die Quarte und Quinte. Die Quinte aber ist um einen Ganzton größer als die Quarte. […] Die Quarte aber hat das Verhältnis 3 : 4, die Quinte 2 : 3, die Oktave 1 : 2. So besteht die Oktave aus fünf Ganztönen und zwei Halbtönen, die Quinte aus drei Ganztönen und einem Halbton, die Quarte aus zwei Ganztönen und einem Halbton" (Capelle, S. 479).

Man kann die oben genannten Verhältnisse am einfachsten am Monochord verifizieren, gewissermaßen hörbar machen. Dieses Instrument, das wohl auch von den jüngeren Pythagoreern zu Studien- und Demonstrationszwecken benutzt wurde und diese Funktion auch im

Mittelalter nicht verloren hat, besteht aus einer einzigen Saite, die über einem Holzkasten als Klangkörper gespannt ist. Der Klangkörper hat die Funktion, das Nachklingen eines Tones zu gewährleisten, um so Konsonanzen (oder Dissonanzen) hörbar zu machen.

Ist die Saite auf E gestimmt (wir folgen Philolaos, verwenden aber die Kehrwerte der von ihm angegebenen Verhältnisse) und wird durch Untersetzen eines Stegs nur eine Hälfte der Saite zum Schwingen gebracht – die Länge der ganzen Saite verhält sich also zur Länge der verkürzten Saite wie 2 : 1 –, so erklingt der Ton e, der eine Oktave über E liegt; der Oktave wird deshalb das Verhältnis 2 : 1 zugeordnet. Setzt man den Steg so, dass der schwingende Teil der Saite sich zur ganzen Saite wie 4 : 3 verhält, so erklingt der Ton A. Das Intervall E–A ist eine Quarte (ein Halbton plus zwei Ganztönen), ihr entspricht das Verhältnis 4 : 3. Wird die Saite im Verhältnis 3 : 2 verkürzt, so erklingt der Ton H. Das Intervall E – H ist eine Quinte (ein Halbton plus drei Ganztöne), der das Verhältnis 3 : 2 zugeordnet wird.

Quinte und Quarte „addiert" (fünf Ganztöne und zwei Halbtöne) bilden eine Oktave. Für die zugeordneten Verhältnisse findet man 3 : 2 mal 4 : 3 gleich 2 : 1. Der „Addition" von Intervallen entspricht also die Multiplikation von Zahlenverhältnissen.

$$\text{Quinte} + \text{Quarte} = \text{Oktave} \leftrightarrow (3 : 2) \cdot (4 : 3) = 2 : 1.$$

Diese fundamentale Beziehung haben die Pythagoreer und spätere Musiktheoretiker nach verschiedenen Richtungen hin weiterentwickelt. Eine erste Beobachtung ist: Überträgt man die vorstehende Regel auf die „Differenz" von Intervallen und die Division von Zahlenverhältnissen, so erhält man

$$\text{Quinte} - \text{Quarte} = \text{Ganzton} \leftrightarrow (3 : 2) : (4 : 3) = 9 : 8.$$

Einem Ganztonschritt (als Intervall) entspricht demnach das Verhältnis 9 : 8. Zieht man von der Quarte zwei Ganztöne ab,

$$\text{Quarte} - \text{Ganzton} - \text{Ganzton} = \text{Halbton} \leftrightarrow$$

$$(4 : 3) : (9 : 8) : (9 : 8) = 256 : 243,$$

so ergibt sich für den übrig bleibenden Halbton das Verhältnis $(4 : 3) : (9 : 8) : (9 : 8) = 256 : 243 = 2^8 : 3^5$. (Das gleiche Verhältnis findet man, wenn man die Quinte um drei Ganztöne vermindert.) In der folgenden Grafik sind die vorstehenden Beziehungen zusammengefasst.

Nun sollten zwei Halbtöne zusammen einen Ganzton ergeben. Auf der mathematischen Ebene bedeutet dies, ein Verhältnis von ganzen

Zahlen zu finden, dessen Quadrat gleich 9 : 8 ist. Das ist wegen der Irrationalität von $\sqrt{2}$ in ganzen Zahlen aber unmöglich: Aus $(a:b)^2 = 9:8$ folgt $a:b = 3:2\sqrt{2}$. Allgemeiner hat bereits der Pythagoreer Archytas von Tarent bewiesen, dass ein überteiliges Verhältnis (vgl. 2.1) – hier 9 : 8 – kein geometrisches Mittel besitzt.

Der Aristoteles-Schüler und Musiktheoretiker Aristoxenes von Tarent vertrat die Auffassung, das Gehör könne sehr wohl eine Einteilung des Ganztones in zwei gleiche Halbtöne wahrnehmen; er führte deshalb eine Tonleiter ein, die nur zum Teil auf rationalen Zahlenverhältnissen beruhte; wir kommen weiter unten darauf zurück.

Weil $(256:243)^2$ kleiner als 9 : 8 ist, wird das zu 256 : 243 gehörige Intervall als „kleiner Halbton" bezeichnet, auch *Pythagoreisches Leimma* genannt. Zieht man den kleinen Halbton vom Ganzton ab, entsteht der „große Halbton" oder die *Pythagoreische Apotome*; das zugehörige Verhältnis ist (9 : 8) : (256 : 243) = 2187 : 2048 = $3^7 : 2^{11}$. Schließlich ergibt die Differenz großer minus kleiner Halbton das Verhältnis 531441 : 524288 = $3^{12} : 2^{19}$, das sogenannte *Pythagoreische Komma*. Zusammengefasst:

Kleiner Halbton + Großer Halbton = Ganzton $\leftrightarrow$

(256 : 243) · (2187 : 2048) = 9 : 8,

Großer Halbton = Kleiner Halbton + Komma $\leftrightarrow$

2187 : 2048 = (256 : 243) · (531441 : 524288).

Das Pythagoreische Komma stellt im Übrigen den Überschuss von 12 Oktaven gegenüber 7 Quinten dar, wie man leicht nachrechnet.

Die Halbtöne oder gar das Pythagoreische Komma mit Hilfe des Monochords hörbar zu machen, ist natürlich gänzlich unmöglich. So beschränkte sich wohl auch der Unterricht in der *ars musica* darauf, den

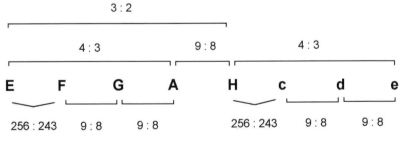

Abb. XII: Teilung der Oktave nach pythagoreischer Stimmung

Zusammenhang der grundlegenden Konsonanzen Oktave, Quinte und Quarte, den man als ursprünglich pythagoreisch annehmen kann, zu demonstrieren und hieraus weitere Intervalle auf rein arithmetischem Wege „spekulativ" zu bestimmen, was vielleicht zuerst von dem Pythagoreer Hippias von Elis begonnen wurde. Diese Konsonanzen sind durch die Zahlen 1, 2, 3, 4 bestimmt; sie bilden das von den Pythagoreern verehrte „vollkommene Dreieck", die *Tetraktys*, die „Quelle und Wurzel der ewigen Natur".

Bringt man am Monochord unter der Seite eine Skala mit zwölf Teilpunkten an, so liegen die Teilpunkte für Oktave, Quinte und Quarte bei 6, 8 bzw. 9. Hieran wird eine weitere geheimnisvolle Symmetrie deutlich: 8 ist das harmonische Mittel von 6 und 12, 9 das arithmetische Mittel von 6 und 12.

Diese beiden Mittel bilden die „vollkommene Proportion" (vgl. 2.1)

$$a : \frac{2ab}{a+b} = \frac{a+b}{2} : b \, .$$

Außer der oben beschriebenen pythagoreischen Stimmung wurden auch andere Tonleitern konstruiert. Auf Philolaos folgend haben sich hier vor allem Archytas von Tarent, Eratosthenes und Ptolemaios von Alexandria sowie Didymus Verdienste erworben. Weniger erfolgreich war der oben genannte Aristoxenes von Tarent, dessen Tonskalen mehr auf Intuition als auf Berechnung basierten.

Allen Tonleitern ist die Quartenteilung der Oktave gemäß den Verhältnissen 4 : 3, 9 : 8, 4 : 3 (Produkt 2 : 1) gemeinsam. Unterschiede liegen in der Einteilung der Quarte. Nach Archytas wird im *diatonischen* Tongeschlecht die Quarte vom tieferen Ton aus nach den Verhältnissen 28 : 27, 8 : 7, 9 : 8 unterteilt, im *chromatischen* Tongeschlecht nach den Verhältnissen 28 : 27, 243 : 224, 32 : 27, im *enharmonischen* Tongeschlecht nach den Verhältnissen 28 : 27, 36 : 35, 5 : 4 (Produkt jeweils 4 : 3).

Aristoxenes legt, wie oben schon angedeutet, der Quartenteilung ein phänomenologisch-psychisches Prinzip von Ganz-, Halb- und Vierteltönen zugrunde, in den o. g. Tongeschlechtern in der Folge, $1 + 1 + \frac{1}{2}$ bzw. $1\frac{1}{2} + \frac{1}{2} + \frac{1}{2}$ bzw. $2 + \frac{1}{4} + \frac{1}{4}$.

Trotz der Unreinheit, die sich in einigen Intervallen bei der pythagoreischen Stimmung zeigten (z. B. bei der Terz mit dem Verhältnis 81 : 64), spielte diese Tonleiter im Mittelalter eine wichtige Rolle. Sie wurde beispielsweise bei der Stimmung der *Cymbala* angewandt, einem Glockenspiel, das auch zur Begleitung von Gesängen eingesetzt wurde und das sich in vielen bildlichen Darstellungen des Mittelalters in Zusammenhang mit „Pythagoras musicus" findet. Auch für Orgelpfeifen und (später) für Saiteninstrumente wie die Drehleier fand sie Verwendung.

In einem in Briefform geschriebenen Musiktraktat aus der zweiten Hälfte des 10. Jahrhunderts, dessen Verfasser möglicherweise Gerbert von Aurillac ist, heißt es:

„Sehr viele fragten mich: Erkläre mir in einer Weise, die wir begreifen können, warum die Monochordmensuren nicht einer korrekten Einteilung der Tonhöhe entsprechen können. Oder gehört dies zu den Geheimnissen der Natur, die noch nicht entdeckt worden sind, sodass schließlich doch noch eine andere [noch unbekannte] Mensurregel zu finden wäre und ich mich dadurch nicht ausschließlich auf das Gehör zu verlassen brauchte [um eine gute Einteilung der Tonhöhen zu erzielen]? Denn dann [wenn ich mich nur auf das Gehör verließe] könnte man mich für einen Aristoxener halten, und ich würde mir die Geringschätzung von Boethius und den Pythagoreern zuziehen. – Nun, an erster Stelle würde ich dann sagen: Mache Boethius nicht den Vorwurf, dass er wie ein Nichtsachverständiger den Lehrstoff dargelegt, hat, vor allem deshalb nicht, weil er die Entdeckungen von Pythagoras wahrte. Denn auch Macrobius sowie Censorius in seinem Schreiben an Cervellius über seine Geburt haben dies übereinstimmend überliefert" (Smits van Waesberghe, S. 34).

Einen der bedeutendsten Lehrer fand diese Auffassung in dem genannten Gerbert von Aurillac. Es gilt als sicher, dass Gerbert das Monochord in seinem Unterricht benutzte. Dieser Unterricht fand ausschließlich im Rahmen des Quadriviums statt und behandelte deshalb nur die theoretische Seite der Musik; künstlerische Aspekte kamen hier nicht zur Sprache.

Seit dem 11. Jahrhundert ist eine zunehmende Erstarrung der theoretischen Musiklehre zu beobachten, die darauf zurückzuführen ist, dass sich das Schwergewicht mehr und mehr auf die Praxis des Komponierens und der Instrumentalkunde legte. Mit der Auflösung des antiken Kanons der freien Künste wendete sich auch die *ars musica* von der geistigen Erfassung der in Zahl und Proportion begründeten Schönheit des musikalischen Erlebens hin zu stärkerer Betonung des psychisch-subjektiven Empfindens. Dass dennoch in den Musiktraktaten bis ins 13. Jahrhundert hinein auf die hohe Bedeutung und die Unverzichtbarkeit der Kenntnis der mathematischen Grundlagen der Musik auch für die Komposition und Ausführung von Musikwerken hingewiesen wurde, ist eher ein Zeichen für ihre Erstarrung als für eine lebendige Praxis (vgl. Fellerer, S. 47f.).

4.3 Die antike Tradition der kosmischen und sublunaren Harmonie

„Daher beruht die Schönheit des ganzen erschaffenen Weltalls, des Ähnlichen und des Unähnlichen, auf einer bestimmten wunderbaren harmonia, die aus verschiedenen Gattungen und mannigfaltigen Formen, auch aus verschiedenen Ordnungen der Substanzen und der Akzidenzen zu einer unaussprechlichen Einheit zusammengefügt ist. Wie nämlich das organicum melos aus verschiedenen Qualitäten und Quantitäten der Töne entsteht, die, solange sie einzeln und für sich gesondert gehört werden, durch abweichende Verhältnisse der Höhe und der Tiefe weit voneinander entfernt sind, die aber, sobald sie gegenseitig nach festgesetzten und vernunftmäßigen Regeln ars musica gemäß den tropi zusammengefügt werden, einen gewissen natürlichen Wohlklang ergeben, so ist die Eintracht des Universums aus verschiedenen Unterteilungen der einen Natur, die voneinander abweichen, solange sie einzeln betrachtet werden, nach dem einförmigen Willen des Schöpfers zusammengefügt."

Diese Vorstellungen des Johannes Scotus Eriugena aus dem 9. Jahrhundert (zit. nach Binding S. 196) basieren auf dem platonischen Mythos von der Erschaffung der Welt und auf der nach den mathematischen Gesetzmäßigkeiten der Musik beruhenden Harmonie des gesamten Kosmos, wie Platon es in seinem Dialog „Timaios" beschrieben hat:

„Denn Gottes Wille war es, die Welt dem Schönsten und in jeder Beziehung Vollkommenen unter allem, was die Vernunft sich denken kann, so ähnlich wie möglich zu machen" (Platon, Timaios 30, S. 48).

Da das Gewordene aus Feuer und Erde, aus dem Sichtbaren und Fühlbaren, gestaltet ist, bedarf es nach „Timaios" eines Bandes, das diese zusammenhält.

„Dies aber am besten zu bewirken vermag die Proportion" (Ebd. 32, S. 49).

Damit begibt Platon sich in den Bereich der Mathematik. Da zur Vereinigung körperhafter Dinge zwei Mitteldinge erforderlich sind,

„so stellte denn Gott Wasser und Luft in die Mitte zwischen Feuer und Erde und stellte unter ihnen die Proportion in möglichster Genauigkeit her, so dass, wie sich Feuer zu Luft, so Luft zu Wasser und wie Luft zu Wasser, so Wasser zu Erde verhält. Auf diese Weise formte und fügte er den Weltbau zusammen" (Ebd., S. 49f.).

Werden die körperlichen Dinge Feuer und Wasser durch Kubikzahlen a^3 und b^3 dargestellt, so hat man in natürlicher Weise zwei mittlere Proportionale a^2b und ab^2, die der Luft und dem Wasser entsprechen; es gilt ja $a^3 : a^2b = a^2b : ab^2 = ab^2 : b^3$. Proportionen sind also das Band, das die Welt „im Innersten zusammenhält" und sowohl ihre Schönheit und Harmonie, als auch ihre intelligible, mit der Vernunft erfassbare Ordnung begründet. (In der geometrischen Folge a^3, a^2b, ab^2, b^3 mit Quotient $\frac{b}{a}$ ist a^2b das geometrische Mittel von a^3 und ab^2, ferner ab^2 das geometrische Mittel von a^2b und b^3.) Nimmt man die ersten Kubikzahlen 8 und 27, so lautet die Proportion 8 : 12 = 12 : 18 = 18 : 27, wo jedes der Verhältnisse gleich 2 : 3 ist, also eine Quinte darstellt.

Wenig später beginnt Platon im „Timaios" den Kosmos zu strukturieren und begibt sich dabei vollends in die pythagoreische Zahlenmystik. Da dieser Kosmos vom Odem des Schöpfers beseelt ist, gilt es, das Band herauszustellen, das die Weltseele mit den sinnlich erfassbaren Erscheinungen verbindet. Hierfür zwingen sich geradezu die musikalisch-arithmetischen Gesetzmäßigkeiten auf, die für die Pythagoreer das Bindeglied zwischen den hörbaren und messbaren Tönen und den durch sie ausgelösten Empfindungen in der Seele bilden.

Die Harmonie des Kosmos findet vor allem ihren Ausdruck in den Zahlenverhältnissen, nach denen (im geozentrischen Weltbild) die Abstände der Planeten, einschließlich Sonne und Mond, geordnet sind.

Nach Platon und Aristoteles waren die Pythagoreer die Ersten, die für Mond, Sonne und die fünf Planeten (mit bloßem Auge sichtbar sind Merkur, Venus, Mars, Jupiter und Saturn) gleichmäßige Bewegungen auf Kreisbahnen annahmen, in deren Zentrum die kugelförmige Erde als unbewegliches Zentrum des Weltalls schwebte. Die Fixsterne waren an einer Sphäre mit der Erde als Mittelpunkt angeheftet.

Im „Timaios" werden für die Abstände der genannten sieben Himmelskörper von der Erde die folgenden Verhältnisse postuliert:

Mond : Sonne : Merkur : Mars = 1 : 2 : 4 : 8

Mond : Venus : Jupiter : Saturn = 1 : 3 : 9 : 27.

Dass diese Theorie nicht vollständig mit der Realität in Einklang steht, wird durch die Unvollkommenheit alles Irdischen erklärt. Die Zusammenhänge zwischen Zahlen bzw. Zahlenverhältnissen und Naturerscheinungen gründeten nicht auf Messung, sondern auf religiösmystischer Spekulation. Dass der Abstand Erde–Mond mit 126 000 Stadien, das sind etwa 22 500 km, weit von der Wirklichkeit entfernt ist (heute wissen wir, dass er im Mittel etwa 384 000 km beträgt), ist in diesem Zusammenhang ohne Belang.

Nach verschiedenen Zeugnissen ging der Pythagoreer Philolaos mit seinen Spekulationen noch weiter, indem er nicht die Erde, sondern ein Zentralfeuer für den Mittelpunkt des Kosmos hielt, um welches eine (fiktive?) Gegenerde sowie Erde, Mond, Sonne und die übrigen fünf sichtbaren Planeten ihre Kreisbahnen ziehen. Dadurch war jedenfalls gesichert, dass – zusammen mit der Fixsternsphäre – die heilige Zehn erreicht ist.

Hatte man einmal die Proportionen der Musik im Lauf der Planeten wiedergefunden, waren die Vorstellungen von der Sphärenmusik eine naheliegende Konsequenz. Diese Vorstellung beruhte auf der Annahme, dass auf jedem Planeten eine Sirene sitzt; das ist eine Jungfrau, die immerzu einen einzigen Ton erklingen lässt, sodass alle fünf Töne einen harmonischen Zusammenklang bilden. Die Legende erzählt, Pythagoras habe diese „Sphärenharmonie" vernommen; selbst seinen engsten Schülern sei dies jedoch nicht vergönnt gewesen.

4.4 Die Schule von Chartres

Das 12. Jahrhundert brachte eine Reihe von tiefgreifenden Veränderungen, die zu der verbreiteten Bezeichnung „Renaissance des 12. Jahrhunderts" geführt haben. Diese Renaissance ist weder mit der karolingischen noch mit der „großen" Renaissance des 15. und 16. Jahrhunderts zu vergleichen. Und dennoch hat sie mit diesen Renaissancen etwas gemein, nämlich die Leidenschaft für die kulturellen Errungenschaften der Antike.

Ein wesentliches Merkmal dieser Renaissance hängt mit dem Aufschwung der Stadtkultur zusammen, die etwa parallel mit der sinkenden kulturellen Bedeutung der Klöster verlief. Äußere Zeichen dafür sind, wie wir bereits früher bemerkt haben, der Übergang der schulischen Bildung von den Klosterschulen zu den Stadtschulen und den daraus entstehenden Universitäten sowie die damit einhergehende Professionalisierung von Lehre und Forschung.

Den reinsten Ausdruck findet die Hinwendung zur Wissenschaft der Antike, verbunden mit dem Bemühen, ihr einen eigenen Stempel aufzudrücken und womöglich über sie hinauszuwachsen, in der berühmten Schule von Chartres. Diese „Schule" ist nicht gleichzusetzen mit der Chartreser Bischofsschule; sie ist vielmehr eine Art „Bewegung", von der die Kathedralschule in Chartres freilich das Zentrum ist und die Klammer, die diesen geistigen Strömungen eine gewisse Einheitlichkeit verleiht.

Mittelpunkt der Studien wird hier die Naturphilosophie. Hier beginnt die Emanzipation der Naturforschung von der Theologie. Zwar spielen die Schöpfungsberichte und andere biblische und patristische Texte nach wie vor eine Rolle als naturwissenschaftliche und kosmologische Quellen, aber sie werden vom Standpunkt der antiken Wissenschaften, vor allem nach Platons „Timaios", bearbeitet und es findet eine bewusste Lösung von den bis dahin unumschränkt herrschenden kirchlichen Dogmen statt. Antikes Gedankengut wird für eine umfassende Rationalisierung und Entsakralisierung der Natur eingesetzt. Der Mensch wird als vernunftbegabtes Wesen in seiner natürlichen Umwelt gesehen. Glauben und Vernunft zu vereinen, ist eines der vordringlichen Ziele der Chartrianer. Dazu bedarf es nicht nur der Autoritäten, sondern einer autonomen schlussfolgernden geistigen Arbeit, die auf einem umfassenden Wissen aufbaut. „Das Exil des Menschen ist die Unwissenheit, die Wissenschaft seine Heimat." Die Rolle der Autoritäten wurde folglich neu definiert. Wilhelm von Conches (geb. um 1080/1090, gest. nach 1154), neben Thierry von Chartres (geb. um 1085, gest. 1155), einer der bedeutendsten Vertreter naturwissenschaftlicher Prägung, scheute trotz erheblicher Anfeindungen nicht davor zurück, biblische Texte als nicht wörtlich zu verstehende Allegorien zu bezeichnen.

Dabei spielte – wie schon bei Boethius – der allegorische Sinn der Zahlen nur eine untergeordnete Rolle; wir finden sie eher im pythagoreischen Sinn als das Prinzip der kosmischen Ordnung.

„Für sie ist die Zahl [und die Proportion] das ideale Prinzip, um die physikalische und ästhetische Struktur zu erklären, die den Dingen innewohnt" (Le Goff 1965, S. 279).

Von höchster Bedeutung aber ist, und

„vielleicht der Antrieb der Renaissance des 12. Jahrhunderts, der Streit um eine aufgezeigte und kontrollierte Wahrheit, um die Vorherrschaft der Vernunft" (Ebd., S. 158).

Hierzu die notwendigen Voraussetzungen geschaffen zu haben, nämlich die Welt als ein Netz von rational erfassbaren Gesetzmäßigkeiten zu sehen (was zu schweren Konflikten mit einer Reihe von Traditionalisten führte), war das große Verdienst dieses Jahrhunderts.

Alle wissenschaftlich interessierten Persönlichkeiten des 11. und 12. Jahrhunderts waren mehr oder weniger eng mit der Schule von Chartres verbunden. Wenn man von einem Begründer dieser Schule überhaupt reden kann, so ist an erster Stelle Fulbert von Chartres (gest. 1028) zu nennen, der als Schüler von Gerbert von Aurillac (vgl. 2.5) und Abbo von Fleury (940/45–1004), deren neue mathematisch-natur-wissenschaftlichen Arbeits- und Unterrichtsmethoden in den Kreis der Chartreser Forscher einbrachte.

Folgerichtig wurde eifrig Mathematik studiert, die nach Boethius – der mit seinem „Trost der Philosophie", seinen Aristoteles-Kommen-taren und nicht zuletzt mit seinen Schriften über Arithmetik, Geometrie und Musik zu den wichtigsten „Autoritäten" der Chartreser Gelehrten zählte – Grundlage und Voraussetzung jeder wahren Philosophie ist. „Die von den Rädern ihres Viergespanns mitgerissene Mathematik überfliegt die Spuren der anderen Künste und hinterlässt dort in unend-licher Vielfalt ihre Farben und Zauber", so besingt der wohl bekannteste Magister des 12. Jahrhunderts, Bernhard von Chartres (gest. nach 1124), in einem enthusiastischen Loblied auf die freien Künste die ausgezeich-nete Stellung des Quadriviums (zit. nach Le Goff 1991, S. 21). Es war derselbe Bernhard, von dem das wohl bekannteste Relikt aus der Schule von Chartres stammt, nämlich sein Ausspruch: Wir sind Zwerge, die auf die Schultern von Riesen gestiegen sind; deshalb sehen wir mehr und weiter als sie.

Thierry von Chartres, Magister in Paris, anschließend Kanzler an der Kathedrale von Chartres, beschreibt die Welt im Sinne des „Timaios" als rational durchstrukturierte Schöpfung und das Quadrivium als das adäquate Hilfsmittel zur Erforschung der Naturgesetze. Dazu schuf er sein *Heptateuchon*, ein etwa 600-seitiges Sammelwerk über die freien Künste, wofür er 45 antike und mittelalterliche Schriften ausgewertet hat. Dabei erweist er sich als ausgesprochener Platoniker pythagorei-scher Richtung und stellt mathematisch-theologische Spekulationen an und philosophiert über die Rolle der Zahl im Schöpfungswerk. Als einer der Ersten hat er sich für das Studium der arabischen Literatur einge-setzt.

Als typischer Vertreter der Schule von Chartres sei noch Alanus ab Insulis (geb. um 1120, gest. 1202) genannt als ein Magister, der dauernd auf der Suche nach Wissen war, dabei Summen und Enzyklopädien verfasste. Seine Grabinschrift lautete: *Qui duo* [Altes und Neues Testament] *qui septem* [artes liberales], *qui totum scibile scivit*. Er erstellte ein nach mathematisch-axiomatischen Methoden aufgebautes deduktives System der Theologie. Seine Einstellung zu den Autoritäten ist charakteristisch für die ganze Bewegung der Chartreser Naturphilosophen: Die Autorität hat eine Nase aus Wachs, sie lässt sich nach Belieben verformen.

4.5 Ästhetik der Proportion

Eine besondere Rolle – nicht zuletzt in der Schule von Chartres – spielten die Theorien von der kosmischen und sublunaren Harmonie. Ihr Fundament ist die Kenntnis der immanenten Zahlverhältnisse. Die Proportion – und mit ihr die Zahl – wurde damit zur Grundlage des ästhetischen Empfindens des mittelalterlichen Menschen.

Die Darstellung des Menschen in einem Kreis, dessen Mittelpunkt der Nabel ist, und in dem die Endpunkte des Körpers ein einbeschriebenes Fünfeck bzw. ein Quadrat bilden, ist nur eine unter vielen Anwendungen für das Aufzeigen mathematischer Gesetzmäßigkeiten, hier im Mikrokosmos Mensch. Aus der Antike (Vitruv) bekannt, wurde es im Hochmittelalter (Villard de Honnecourt) aufgegriffen und an die Renaissance (Leonardo da Vinci) weitergegeben.

Am einflussreichsten aber waren zweifellos die Musiktheorien. Basierend auf der Autorität Augustinus hat das Mittelalter die Proportionenlehre des Boethius in vielen Bereichen angewandt. Dabei geht es natürlich nicht um die musikalische Aufführungspraxis; Musik wird hier als mathematische Wissenschaft gesehen. Die von Pythagoras am Monochord hörbar gemachten Zahlenverhältnisse der symphonen Intervalle verharren nicht im irdischen, sie verweisen auf eine göttliche Harmonie und schaffen eine Verbindung zwischen Mikrokosmos und Makrokosmos, zwischen der „sublunaren" und der überirdischen Welt. Schon die Pythagoreer haben zwischen der *musica humana* und der *musica mundana* eine Brücke geschlagen, deren Fundament die Lehre von den Proportionen ist. Hier wie dort, im Mikrokosmos wie im Makrokosmos, gelten dieselben mathematischen Gesetzmäßigkeiten. In den Proportionen der sichtbaren und hörbaren Erscheinungen spiegelt sich eine überirdische Vollkommenheit, die allem Schönen zu Grunde liegt. Auch hier finden wir wieder die allgegenwärtige Überzeugung, dass das Studium und die Kenntnis der Gesetze der Zahlen, die Boethius in seiner Arithmetik zugrunde gelegt und in der Musik anwendungsbezogen wiederholt hat, eine unabdingbare Voraussetzung für die Erkenntnis der kosmischen und irdischen Wahrheit darstellt.

„Die Ästhetik der *proportio* war tatsächlich die eigentliche Ästhetik des Mittelalters" (Eco, S. 63).

Die Musiktheorie ihrerseits (in ihrer theoretisch-mathematischen Ausprägung) ist die engste Synthese mit der Baukunst eingegangen. Für Augustinus sind Musik und Architektur Schwestern, da sie beide Kinder der Zahl sind; sie haben die gleiche Würde, da die Architektur die ewige Harmonie widerspiegelt und die Musik ihr Echo ist. Wer kennt nicht die immer wieder bemühte Metapher von der Kathedrale als Stein gewordener Musik?

„Worin besteht die körperliche Schönheit? Im richtigen Verhältnis der Teile zueinander in Verbindung mit einer gewissen Lieblichkeit der Farben" (zit. nach Eco, S. 49).

Diese augustinische Definition der Schönheit war im Mittelalter besonders erfolgreich. In einer Handschrift aus dem Spätmittelalter wird das so ausgedrückt:

„Die eigentliche Baukunst beruht nicht darauf, dass man Steine nach dem Gesetz der Schwere und Spannung aufeinanderlegt, sondern auf arithmetischen und geometrischen Verhältnissen, in welchen alle einzelnen Teile zum Ganzen stehen" (zit. nach Fischer, S. 11).

In der Baukunst des Mittelalters geht es immer um das schon in der Antike formulierte Prinzip des richtigen Verhältnisses aller Teile zueinander. Schon Platon stellte im „Philebos", der im 12. Jahrhundert zwar noch unbekannt, aber in seiner Auffassung seit Augustinus wirksam war, fest:

„Als Schönheit von Gestalten will ich nicht das bezeichnen, was wohl die meisten glauben möchten, wie etwa die Schönheit lebender Körper oder gewisser Gemälde. Als schön bezeichne ich vielmehr etwas Gerades und Kreisförmiges und aus diesen wiederum die Flächen und Körper, die gedreht oder durch Richtscheit und Winkelmaß bestimmt werden […], denn diese sind immer an und für sich schön und haben eine eigentümliche Lust!" (Platon, Philebos 31)

Ähnlich äußert sich Platon im „Timaios". Nach Augustinus ist das gleichseitige Dreieck schöner als das ungleichseitige, weil mehr Gleichheit in ihm ist; noch schöner ist das Quadrat, in dem gleiche Winkel gleichen Seiten gegenüberstehen; am schönsten ist aber der Kreis, bei dem kein Winkel die kontinuierliche Gleichheit des Umrisses unterbricht.

Den sichtbarsten Ausdruck haben die Kosmologie, die Lehre vom Makro- und Mikrokosmos und die Ästhetik der Proportion der Schule von Chartres in der gotischen Kathedrale gefunden. Nach Thierry von Chartres muss von Beweisführungen der Arithmetik, Musik, Geometrie und Astronomie Gebrauch gemacht werden, das Kunstwerk des Schöpfers in den Dingen sichtbar wird. „Die gebaute Kirche zeigt die geistige Kirche an." Die gotische Kathedrale ist bestimmt von Rationalität. Die Zahlen haben wie die Geometrie Anteil an der beständigen, sichtbaren Form eines Bauwerks. Arithmetik und Geometrie sind es, die den Kosmos, d. h. die Welt, in ihrer Ordnung verstehen lassen und auch die gebaute Kirche als Hinweis auf die geistige Kirche bestimmen. Die Gelehrten von Chartres haben den Bauplan der Schöpfung erforscht und ihre Einsichten zur Grundlage einer zweiten Schöpfung gemacht, der gotischen Kathedrale. Die Kathedrale wird so zum Abbild, zum Symbol der göttlichen Schöpfungsordnung. So galt, je mehr die Kathedrale diesem dem Kosmos innewohnenden Ordnungsgesetz folgte, desto mehr war sie geordnet, wahr und konnte den Teilnehmern an der Liturgie zur Erkenntnis, zu Gott führen, der allein der Schöpfer und Kunstfertige der Natur ist.

Das Wissen vom Sinn der Zahlen ist zugleich das Wissen vom Universum. Die einzelnen Zahlen wie 1, 3, 7, 12, 24 usw. sind in hohem Maße bedeutungsträchtig und symbolisieren beispielsweise Gott, Dreifaltigkeit, Schöpfungstage, Apostel und Propheten, Älteste usw. Es gibt kaum einen mittelalterlichen Autor, der nicht von den Zahlen die Offenbarung verborgener Wahrheiten erwartet hat. Die Autoren waren ausgesprochen erfinderisch in theologischen Interpretationen, die sich auch auf die Zahl der Architekturglieder ausgewirkt haben.

Für Suger von St. Denis, der wegen seiner Planung der Abteikirche von St. Denis bei Paris um 1140 als Begründer des gotischen Baustils gilt, sind Arithmetik, Geometrie, Musik und Astronomie unabdingbar, „damit das Werk schicklicher und rühmlicher wohlbedacht zustande gebracht werden könne." Geometrie als geistiges Grundgestaltungselement gotischer Kathedralen ist im Gesamtzusammenhang einer vorrangig theologischen Interpretation des Kirchengebäudes zu berücksichtigen.

Welche Verhältnisse die Baumeister im Einzelnen zugrunde legten, ist heute allerdings kaum mehr festzustellen. Überlieferte Aufzeichnungen mit Hinweisen auf Konstruktionsprinzipien sind selten. An erster Stelle steht das Bauhüttenbuch des Villard de Honnecourt (um 1200), aus späterer Zeit das Büchlein der Fialen Gerechtigkeit von Matthias Roriczer (um 1500). In den meisten Fällen gehen die Architekten von einfachen geometrischen Grundfiguren wie Quadrat oder gleichseitiges Dreieck, gelegentlich auch von einem Pentagramm, aus, von denen die weiteren (Zahlen-) Verhältnisse abgeleitet werden. In einem Protokoll über ein Treffen der Baumeister des Mailänder Doms Ende des 14. Jahrhunderts wird von einem Streit darüber berichtet, ob für die Fassade ein Quadrat- oder ein Dreiecksschema zugrunde gelegt werden soll. In diesem Proto- koll findet sich auch der bezeichnende Ausruf des herbeigerufenen französischen Baumeisters Mignot, nach dem es keine Kunst ohne Wis- senschaft gibt: *Ars sine scientia nihil est.*

Es gibt eine Fülle von Versuchen, durch Vermessungen die von Baumeistern intendierten Gesetzmäßigkeiten herauszufinden. Die Inter- pretation solcher Aufmaße stößt naturgemäß auf erhebliche Schwierig- keiten; für fast alle vorgefassten Meinungen lassen sich Belege und Gegenargumente finden. Ungeachtet dessen kann man – unter Berück- sichtigung von Kenntnissen über die Zeitumstände und die Baumeister – doch gelegentlich zuverlässige Schlussfolgerungen ziehen. Untersuchun- gen des Bauplans der Michaeliskirche in Hildesheim – um ein Beispiel der Romanik des 11. Jahrhunderts zu geben – haben u. a. ergeben, dass die Abstände markanter Konstruktionspunkte auf der Längsachse die Abstände 20, 35, 56 und 84 Fuß aufweisen (Roggenkamp, S. 153).

Der Erbauer der Kirche, der heilige Bernward (etwa 960–1022), war, bevor er 993 Bischof von Hildesheim wurde, Lehrer des jungen Otto III. Man kann deshalb mit Sicherheit annehmen, dass er sich in den freien Künsten bestens auskannte. Dafür spricht auch, dass sich in seinem Besitz neben anderen wissenschaftlichen Werken, wie beispielsweise Vitruvs Werk über die Architektur, eine Abschrift der Arithmetik des Boethius befand. Schon bei einem flüchtigen Studium findet man hier die obengenannten Zahlen in der Folge der Tetraederzahlen 1, 4, 10, 20, 35, 56, 84, 120 usw. Dies, zusammengenommen, legt den Schluss nahe, dass die durch Boethius dem Mittelalter überlieferte pythagoreische Arithmetik dem Erbauer dieses großartigen Kunstwerkes als ästheti- sches Prinzip gedient hat.

5. *Ex oriente lux* – Die Renaissance des 12. Jahrhunderts

5.1 Mathematik im islamischen Kulturkreis

Die Renaissance der Wissenschaften im lateinischen Mittelalter, soweit sie über den frühmittelalterlichen Kanon des Quadriviums hinausging, hat ihren Ursprung vor allem darin, dass im 12. Jahrhundert die bedeutendsten Werke griechischer Wissenschaft durch lateinische Übersetzungen im Abendland Verbreitung fanden. Diesen Übersetzungen lagen zum größten Teil nicht die griechischen Originale zugrunde, sondern arabische Übersetzungen, die von muslimischen Gelehrten (nicht selten auf dem Umweg über die syrische Sprache) angefertigt worden waren.

Obgleich sich die Kunde von einer blühenden arabischen Wissenschaft seit geraumer Zeit im Abendland herumgesprochen hatte, war den Lateinern der Zugang dazu bis zum Ausgang des 11. Jahrhunderts doch fast völlig versperrt geblieben (auch Gerbert von Aurillac, vgl. 2.5, ist hier kaum als Ausnahme anzusehen). Erst als im Zuge der Rückeroberung Spaniens von der muslimischen Herrschaft 1085 Toledo, ein Zentrum muslimischer Gelehrsamkeit, von den christlichen Herrschern eingenommen worden war, machten sich Gelehrte aus vielen Teilen der lateinischen Welt auf den Weg, die von den Muslimen angesammelten Schätze antiker Wissenschaft zu studieren. Wir werden uns in den folgenden Abschnitten von verschiedenen Seiten her weiter damit beschäftigen, um diesen tiefen Einschnitt in die Wissenschaftsgeschichte des Abendlandes – wenn auch nur annähernd – würdigen zu können.

Das erste Jahrhundert der islamischen Bewegung nach dem Tod Mohammeds 632 war gekennzeichnet durch Eroberungszüge, die zur Ausdehnung ihres Einflussbereiches vom Indus bis zum Ebro in Spanien führten. In den innerreligiösen Auseinandersetzungen dieser Zeit, die auch dem Islam nicht erspart blieben, und der Beschäftigung mit Fragen der Beziehungen des Islam zu anderen Religionen, entstanden bereits im frühen 8. Jahrhundert in Teilen der Religionsgemeinschaft Bestrebungen, die den ungehinderten Einsatz der Vernunft zur Glaubensbegründung forderten. Obwohl sich diese rationalistische und daher wissenschaftsfreundliche Bewegung nur auf eine dünne Schicht von Gelehrten stützte, erlangte sie höchste Anerkennung in der Staatsführung jener Jahre. In diesem Klima gedieh die Rezeption der antiken Wissenschaften sowie der Philosophie in neuplatonisch-aristotelischem Gewand.

In diesem Sinne hat sich besonders die Dynastie der Abassiden hervorgetan, die um die Mitte des 8. Jahrhunderts die Herrschaft der Umayyaden – der ersten Dynastie nach dem Tode des Propheten Mohammed – ablöste und das Herrschaftszentrum von Damaskus nach Bagdad verlegte. Hier entstand unter den Abassiden-Kalifen al-Mansur (reg. 754–775), Harun al-Raschid (reg. 786–809, dem Held aus den „Märchen aus 1001 Nacht" und Zeitgenossen Karls des Großen) und dessen Sohn al-Mamun (reg. 813–833) ein Zentrum der Kultur und Wissenschaft. Nach antikem Vorbild wurde eine Art Akademie, das „Haus der Weisheit" eingerichtet, in dem systematisch wissenschaftliche Werke gesammelt und durch Übersetzung ins Arabische erschlossen wurden. Der Akademie waren eine Bibliothek und ein astronomisches Observatorium angeschlossen.

In einer ersten Phase wurde das aus der griechisch-hellenistischen Antike, aus Syrien und Persien noch verfügbare kulturelle und wissenschaftliche Erbe zusammengetragen und in die arabische Sprache übersetzt. Im Allgemeinen standen anfangs die „angewandten Wissenschaften", vor allem Astronomie, Astrologie, Medizin und Optik, im Zentrum des Interesses.

Nachdem im 9. und 10. Jahrhundert die wichtigsten verfügbaren Quellen übersetzt worden waren, bildete sich auf dieser Grundlage auch eine eigenständige mathematische Kultur heraus. Neben Übersetzungen und Bearbeitungen der „Elemente" Euklids, zu denen wir weiter unten einige Erläuterungen geben werden, übten in der Anfangszeit dieser Entwicklung zwei Werke den größten Einfluss auf das lateinische Hochmittelalter aus, nämlich die Schriften des Mathematikers und Astronomen al-Hwarizmi über das Rechnen im indischen dezimalen Positionssystem (das wir bereits im 3.8 besprochen haben), und über die Lehre von den linearen und quadratischen Gleichungen (mit vielen Anwendungsaufgaben und einem geometrischen Teil).

Über das Leben al-Hwarizmis ist fast nichts bekannt. Seinem Namen nach stammt er aus dem Ort Choresm, dem heutigen Chiva in Usbekistan, südlich des Aralsees. Er lebte etwa von 780 bis 850 und wirkte unter dem Kalifen al-Mamun am „Haus der Weisheit" in Bagdad. Neben den genannten Schriften verfasste er Werke über Astronomie, Geographie und Kalenderrechnung.

Die zuletzt genannte algebraische Schrift ist wie folgt betitelt: *Al-kitab al-muhtasar fi hisab al-gabr wa'l-muqabala*, was so viel bedeutet wie „Ein kurz gefasstes Buch über die Rechenverfahren durch Ergänzen [*al-gabr*] und Ausgleichen [*al-muqabala*]." Von dem Wort *al-gabr* im Titel stammt das Wort „Algebra" ab (weshalb dieses Werk im Folgenden kurz als „Algebra" bezeichnet wird). Von dem arabischen Text existieren drei lateinische Übersetzungen aus dem 12. und 13. Jahrhundert, ferner eine englische Übersetzung von Frederic Rosen aus dem Jahr 1831, die von allen die umfangreichste ist.

Al-Hwarizmi sagt in der Einführung, er wolle eine kurze Schrift zusammenstellen

„[…] über das, was die Leute fortwährend brauchen bei ihren Erbschaften und ihren Vermächtnissen und bei ihren Teilungen und ihren Prozessbescheiden und ihren Handelsgeschäften und bei allem, womit sie sich befassen bei der Ausmessung der Ländereien und der Herstellung der Kanäle und der Geometrie und anderen dergleichen nach seinen Gesichtspunkten und Arten."

Mit diesem Zitat ist schon die Gliederung des Werkes in etwa vorgegeben: Von den drei Teilen behandelt Teil I zunächst die eigentliche Algebra, gefolgt von einem kurzen Kapitel über kaufmännische Rechnungen einschließlich der Dreisatzrechnung. In der Algebra wird die Auflösung linearer und quadratischer Gleichungen mit Zahlenkoeffizienten gelehrt. Da negative Zahlen und Null als Koeffizienten nicht zugelassen werden, kommt al-Hwarizmi zu sechs Normalformen, einer Einteilung, die bis in die Renaissance unumstritten ist:

$$ax^2 = bx, \quad ax^2 = c, \quad bx = c;$$
$$ax^2 + bx = c, \quad ax^2 + c = bx, \quad bx + c = ax^2$$

mit ganzen positiven Koeffizienten *a, b, c.* Wie in *Dixit algorismi* (vgl. 3.8) verwendet al-Hwarizmi auch hier keine Symbole und seine Darstellung ist rein verbal. Am Schluss des Abschnitts über die sechs Normalformen und wie man diese durch die Verfahren von „al-gabr" und „al-muqabala" herstellt, gibt al-Hwarizmi Regeln für deren Auflösung, die an Zahlenbeispielen erläutert werden und deren Richtigkeit geometrisch bewiesen wird.

Ein Beispiel zur vierten Normalform, dessen Lösung auf zwei verschiedenen geometrischen Wegen demonstriert wird, lautet (sinngemäß): Ein Quadrat und 10 seiner Wurzeln sind gleich 39 dirhems (eine Währungseinheit), das heißt, wenn die 10 Wurzeln zu einem Quadrat addiert werden, so ist die Summe 39. Die Lösung ist so: Nimm die halbe Anzahl der Wurzeln, also 5, multipliziere diese Zahl mit sich selbst; das Produkt ist 25. Addiere dies zu 39, es gibt 64. Ziehe die Quadratwurzel, ergibt 8, und subtrahiere davon die halbe Zahl der Wurzeln, nämlich 5; es bleibt 3 übrig. Dies ist die Wurzel (Rosen, S. 13ff.).

In unserer Terminologie handelt es sich also um die Bestimmung der positiven Lösung der Gleichung $x^2 + 10x = 39$.

Obwohl hier nur ein Beispiel gerechnet wird, ist in Wahrheit ein vollkommen allgemeines Verfahren zur Auflösung gemischt quadratischer Gleichungen erkennbar, identisch mit dem unsrigen, das weithin als „p-q-Formel" bekannt ist. Setzen wir nämlich $p = 10$, $q = 39$, so nimmt (in unserer Terminologie) das vorstehende Auflösungsverfahren für die Gleichung $x^2 + px = q$ die Form $x = \sqrt{\left(\frac{p}{2}\right)^2 + q} - \frac{p}{2}$ an, ergibt also die positive Lösung. Negative Lösungen (bei dem vorstehenden Beispiel $x = -13$) können schon deshalb nicht bei al-Hwarizmi auftreten, weil, wie bereits erwähnt, der Begriff der (später sogenannten) „negativen Zahl" noch völlig außer Reichweite lag. Immerhin bemerkt al-Hwarizmi, dass quadratische Gleichungen zwei verschiedene (positive) Lösungen haben können. Im Fall der Gleichung $x^2 + 21 = 10x$ wird die Wurzel $x = \sqrt{\left(\frac{10}{2}\right)^2 - 21}$ zuerst von 10/2 subtrahiert, danach zu 10/2 addiert, woraus sich die beiden Lösungen 3 und 7 ergeben.

Teil II (weniger umfangreich) ist das älteste bekannte Zeugnis arabischer Vermessungsgeometrie. Er enthält Regeln für die Berechnung elementarer Flächen und Körper sowie verschiedene Anwendungen der Algebra auf die Geometrie. Teil III (mehr als die Hälfte des Gesamtwerks) behandelt eine Fülle von Aufgaben aus dem islamischen Rechtswesen über Erbteilung, häufig recht komplizierte Probleme, die zum Grundbestand islamischer angewandter Mathematik gehören.

Bis zum Ende der Blütezeit arabischer Wissenschaft im 15. Jahrhundert gab es eine Reihe weiterer Mathematiker, die die Arithmetik und Algebra wesentlich über die bekannte Kenntnisse der Griechen hinaus weiterentwickelt haben. Zu den produktivsten Köpfen auf diesem Gebiet gehören sicher Tabit ibn Qurra (826/27–901), der neben einer umfangreichen Übersetzertätigkeit an der Begründung der Algebra und Zahlentheorie nach dem Vorbild der „Elemente" Euklids arbeitete; al-Hamid ibn Turk (9. Jahrhundert), der ebenfalls über quadratische Gleichungen schrieb; Nasir al-Din al-Tusi (1201–1274) und al-Hayyam (1048–1131), die einen beträchtlichen Schritt über das überlieferte Wissen hinaus machten, beispielsweise mit ihren Arbeiten über kubische Gleichungen; Abu Kamil (850–930), Ibn al-Haytam (965–1041), al-Karagi (gest. 1019/29) und Abu'l Hasan al-Uqlidisi (Mitte 10. Jahrhundert), von denen weitere bedeutende algebraische Arbeiten stammen, von Letzterem die älteste arabisch erhaltene Arithmetik; schließlich al-Kashi (gest. 1429), der mit seinen Arbeiten über Dezimalbrüche Kenntnisse vorwegnahm, die 200 Jahre später in Nordeuropa neu erfunden wurden; zukunftsweisend waren auch die Arbeiten von al-Qalasadi (gest. 1486), vor allem seine Bemühungen um eine zweckmäßige arithmetisch-algebraische Symbolik.

Besondere Beachtung verdient der schon erwähnte al-Hayyam auch wegen seiner Arbeiten zur Proportionenlehre, in deren Verlauf er dem modernen Begriff der irrationalen Zahl schon recht nahe kam. Diese Untersuchungen liefen auf eine Erweiterung des Zahlbegriffs hinaus, die dem griechischen Zahlbegriff völlig fremd war und im Abendland erst im 17. Jahrhundert eine befriedigende, allgemein akzeptierte Lösung fand.

Al-Hayyam versuchte einen neuen Zugang von der Seite der Arithmetik aus.

„Kann ein Verhältnis von Größen", so fragt al-Hayyam, „seinem Wesen nach eine Zahl sein oder wird es nur von einer Zahl begleitet oder ist das Verhältnis mit einer Zahl nicht seiner Natur nach, sondern mit Hilfe von irgendetwas Äußerem verknüpft, oder ist das Verhältnis mit einer Zahl seiner Natur nach verknüpft und bedarf daher keines Äußeren?" (Juschkewitsch, S. 254).

Sein Lösungsversuch: Ein gegebenes Verhältnis $A : B$ wird gleich $G : E$ gesetzt, wobei E eine geeignete Einheit und G eine Hilfsgröße bezeichnet. Was aber ist dieses G? Al-Hayyam will diese Größe

„[…] nicht als Linie, Fläche, Körper oder Zeit auffassen, sondern als eine durch den Verstand von all dem losgelöste und zu den Zahlen gehörende Größe, jedoch nicht zu den absoluten und echten Zahlen, da das Verhältnis von A zu B häufig auch nicht zahlenmäßig sein kann, d. h.

dass man keine zwei Zahlen finden kann, deren Verhältnis diesem Verhältnis gleich wäre" (Ebd.)

Offenbar wird hier eine Art von „uneigentlichen" Zahlen eingeführt, die wir in unserer Terminologie wohl mit Recht als irrational bezeichnen dürfen. Al-Hayyam sieht, dass es sich nicht um „eigentliche" Zahlen im herkömmlichen Sinne handelt, dass der Verstand sie dennoch als Zahlen akzeptieren kann. Das wird dadurch bestärkt, dass, wie al-Hayyam ausführt, die üblichen Rechenregeln sich auf diese neuen Objekte übertragen lassen.

Unter allen mathematischen Schriften der Antike kommt den „Elementen" Euklids für das Mittelalter (und darüber hinaus) die größte Bedeutung zu. Dieses Werk wurde schon im 8. Jahrhundert dreimal ins Arabische übersetzt. Von zwei Übersetzungen, die al-Hajjaj (um 786–833) anfertigte, ist uns nur eine, und diese auch nur bruchstückhaft erhalten. Fragmente befinden sich im Euklid-Kommentar des al-Nayrizi (gest. um 922). Eine weitere stammt von Ishaq ibn Hunain (830–910/11), die in einer Bearbeitung von Tabit ibn Qurra weitere Verbreitung fand (heute sind etwa 20 Handschriften bekannt). Aus der Folgezeit gibt es eine große Zahl von Exzerpten, Bearbeitungen und Kommentaren zu Euklids „Elementen". Am verbreitetsten war die Bearbeitung von Nasir al-Din al-Tusi (1201–1274).

Soweit zu den arabischen Übersetzungen und Bearbeitungen; zu den lateinischen Übersetzungen kommen wir im nächsten Abschnitt.

Ein besonders beliebtes Thema muslimischer Mathematiker war Euklids „Parallelenpostulat". Dazu bedarf es einiger Vorbemerkungen. Euklids „Elemente" sind auf fünf Postulaten und neun Axiomen aufgebaut, auf die alle Sätze zurückgeführt werden. Dieser Aufbau ist nicht lückenlos, da an mehreren Stellen unbewiesene Annahmen gemacht werden, ohne dass diese als Axiome oder Postulate ausdrücklich genannt worden sind. Weil es sich dabei jedoch stets um Annahmen handelt, die als evident angesehen wurden, hat dieser Umstand Euklid weniger Kritik eingetragen als ein explizit formuliertes Postulat, nämlich das fünfte, das sogenannte „Parallelenpostulat":

„Und dass, wenn eine gerade Linie beim Schnitt mit zwei geraden Linien bewirkt, dass innen auf derselben Seite entstehende Winkel zusammen kleiner als zwei Rechte werden, dann die zwei geraden Linien bei Verlängerung ins Unendliche sich treffen auf der Seite, auf der die Winkel liegen, die zusammen kleiner als zwei Rechte sind."

Bereits Proklos Diadochos, gegen Ende des 4. Jahrhunderts n. Chr. der vorletzte Leiter der platonischen Akademie in Athen, hatte in seinem Euklid-Kommentar auf die besondere Rolle des Parallelenpostulats aufmerksam gemacht. Die Frage, ob dieses aus den übrigen Axiomen beweisbar ist oder durch ein einfacheres (suggestiveres, den anderen vergleichbares) ersetzt werden kann, hat die Geometer bis ins 19. Jahrhundert beschäftigt und schließlich zur Entdeckung seiner Unabhängigkeit von den übrigen Axiomen der euklidischen Geometrie (die vorher freilich präziser gefasst werden mussten) geführt und damit letztlich zu den nichteuklidischen Geometrien des 19. und 20. Jahrhunderts. Auch eine Reihe von muslimischen Mathematikern hat das Problem bearbeitet. Wir erwähnen zwei Ansätze, die im 17. und 18. Jahrhundert die Entwicklung der nichteuklidischen Geometrie besonders stark geprägt haben.

Ibn al-Haytam ersetzte den Begriff der Parallelität zweier (verschiedener) Geraden, der bei Euklid dadurch definiert war, dass die Geraden keinen Schnittpunkt haben, durch Äquidistanz. Von dieser Definition ausgehend glaubte er beweisen zu können, dass in einem Viereck mit drei rechten Winkeln der vierte Winkel notwendig ebenfalls ein Rechter sei. Wäre dieser „Beweis" gelungen, so wäre damit in der Tat, wie man leicht einsieht, bewiesen, dass das Parallelenpostulat eine notwendige Folge der übrigen Postulate und Axiome ist. J. H. Lambert hat im 18. Jahrhundert diesen Versuch wieder aufgegriffen.

Einen anderen Ansatz verfolgte al-Hayyam, der später Saccheri (1667–1733) als Grundlage seiner Untersuchungen diente: Auf einer Strecke werden in den Endpunkten zwei gleich lange Lote errichtet und deren Endpunkte verbunden. Sind die Winkel in dem Viereck an den Endpunkten der Lote Rechte? Wenn ja, so folgt das Euklidische Parallelenpostulat. Um dies beweisen zu können, wählte al-Hayyam ein Äquivalent zum Parallelenpostulat, nämlich dass zwei „konvergierende" Geraden sich schneiden.

Ohne in die Einzelheiten weiter einzudringen wollen wir darauf hinweisen, dass die genannten Begriffe Äquidistanz und Konvergenz von Geraden nicht unproblematisch sind und überdies nicht recht zu der Gesamtkonzeption der „Elemente" passen.

Damit beenden wir unsere Erläuterungen zu einigen Arbeiten arabischer bzw. muslimischer Mathematiker, die sich durch besonderes Interesse für die nachfolgende Entwicklung auszeichnen und sich deutlich von den antiken Vorlagen unterscheiden, um uns zum Schluss dieses Abschnittes einem Fragenkomplex zuzuwenden, der sich allerdings nicht leicht und nur zum Teil beantworten lässt, nämlich: Wie ging die Entwicklung „arabischer Mathematik" weiter, wodurch wurde sie beeinflusst, wie lange hielt sie an und wann und warum ging sie zu Ende? Einige Hinweise müssen hier genügen.

Griechische Wissenschaft und Philosophie hat von Anfang an eine starke Anziehungskraft auf die islamischen Gelehrten ausgeübt und prinzipiell über die Jahrhunderte nie verlassen. Man kann aber nicht davon ausgehen, dass das damit verbundene rationale Denken durchweg zu einem integralen Bestandteil der islamischen Kultur geworden wäre. Unproblematisch war die Übernahme und Pflege solcher Teile, die einen gesellschaftlichen Nutzen brachten, beispielsweise die Werke al-Hwarizmis (s. o.), in denen es unter anderem um das praktische Rechnen im indischen Zahlsystem ging, und wo die theoretischen Teile der Algebra sogleich auf Probleme der Erbteilung angewandt werden konnten. Auf der anderen Seite konnte es schwerlich akzeptiert werden, dass die Religion von rationalen Strömungen erfasst wurde (vgl. hierzu Propyläen Weltgesch. Bd. 5, S. 95 und Lindberg Kap. 8, S. 169ff.).

Besonders in Zeiten innerer Zerwürfnisse und äußerer Bedrohungen „[…] musste man die Energien konzentrieren und sich den Luxus versagen, religiös indifferente, vielleicht sogar gefährliche Wissenszweige auszuweiten. […] Die Rat- und Richtungslosigkeit gab der Orthodoxie die Oberhand. Das Ziel war Gott, aber ein Gott, der es verübelte, wenn der Mensch die Gesamtheit seiner Schöpfung selbstständig zu durchdringen suchte. Originalität verkleidete sich als Kommentar, Fortschritt, sofern er ins Bewusstsein drang, führte zu schlechtem Gewissen. […] Nur diejenige Forschung blühte weiter, die der Religion direkt dienstbar war" (Propyläen Weltgesch. Bd. 5, S. 176f.).

Omar al-Hayyam (1048–1131), Verfasser eines Algebrabuches, das weit über die Algebra al-Hwarizmi hinausging, fand keine Verbreitung innerhalb der arabischen Welt, wurde insbesondere nicht in Spanien bekannt. Dies hatte zur Folge, dass im Mittelalter keine lateinischen Übersetzungen angefertigt wurden (die erste erschien im 19. Jahrhundert). B. Hughes führt das zum Teil auf die verworrenen politischen Umstände seiner Zeit zurück, vor allem aber auf al-Hayyams rationalistische Einstellungen in Fragen theologischer Relevanz.

Omars orthodoxy was suspect while he lived and condemnd after his death. A viable hypothesis, therefore, is that for religious reasons all his works were left untouched except by a few mathematicians (Hughes, S. 203).

Dass islamische Wissenschaftler keineswegs überall und zu allen Zeiten gleichermaßen mit der Unterstützung oder dem Wohlwollen der Herrschenden rechnen konnten, dafür ist auch al-Kindi aus Basra in Mesopotamien (gest. um 873 in Bagdad) ein beredtes Beispiel. Während sich seine wissenschaftlichen Arbeiten – gleichermaßen auf philosophischem wie mathematisch-naturwissenschaftlichem Gebiet – unter den Kalifen al-Mamun und al-Mutasim frei entfalten konnten und gefördert wurden, wurden sie unter dessen Nachfolger unterdrückt. Sein Vermögen und seine Bibliothek wurden beschlagnahmt, er soll für einige Jahre eingekerkert worden sein, bekam dann aber seine Freiheiten zurück und konnte sich bis an sein Lebensende wieder seiner Arbeit zuwenden.

„Wären die Alten nicht gewesen", so schreibt al-Kindi, „wäre es uns trotz all unseres Eifers und im Laufe unseres gesamten Lebens unmöglich gewesen, diese Wahrheitsprinzipien zusammenzufügen, auf denen die Schlussfolgerungen aus unserer Forschung beruhen. Das Zusammenfügen all dieser Elemente ist über Jahrhunderte hinweg geschehen, von alter Vergangenheit an bis zum heutigen Tag. Daher ist es angemessen, dass wir dem Prinzip treu bleiben, nach dem wir immer gearbeitet haben. Dieses besteht darin, zuerst in vollständigen Zitaten alles niederzuschreiben, was die Alten zum Thema geäußert haben, zweitens das zu ergänzen, was die Alten nicht vollständig gesagt haben, und dies in Übereinstimmung mit der Ausdrucksweise unserer arabischen Sprache, den Gebräuchlichkeiten unserer Zeit und unseren eigenen Möglichkeiten" (Lindberg, S. 184).

Obwohl al-Kindi heute primär als Philosoph gesehen wird, umfassen seine Schriften, die insgesamt in die Hunderte gehen, das gesamte Spektrum der islamischen Mathematik, wenn auch meist nur in Ansätzen: die indischen Rechenverfahren, Geometrie, ebene und sphärische Trigonometrie, numerische Verfahren, Unterhaltungsmathematik, Kommentare zu Euklids „Elementen", Zahlentheorie im Stil des Nikomachos, Proportionenlehre, Berechnung von π nach Archimedes, reguläre Körper u. a.

Ähnlich wie al-Kindi äußert sich al-Farabi (gest. 950) in seiner Klassifikation der Wissenschaften (vgl. 5.4) mit der aufschlussreichen Vorbemerkung:

„Obgleich es früher mehrere Philosophen gab, so wurde unter allen nur der kurzweg ein Weiser genannt, von dem man sagte, dass er die Wissenschaft von allen Gegenständen mit sicherer Kenntnis umfasste. Jetzt aber, wo die Welt alt wird, sage ich, dass keiner verdient ein Philosoph, geschweige denn ein Weiser genannt zu werden, weil kaum einer gefunden wird, der sich mit der Weisheit beschäftigen will. Deshalb glauben wir, dass unserer Kleinheit Genüge geschehe, wenn wir, da wir nicht alles können, wenigstens von einzelnem einiges und von einigem etwas oberflächlich berühren" (Wiedemann, S. 79).

Im 9. und 10. Jahrhundert standen die Werke aller bedeutenden hellenistischen Mathematiker in arabischen Übersetzungen zur Verfügung: Euklid, Archimedes, Apollonios, Ptolemaios, Eutokios, Menelaos und Heron. Besondere Verdienste um deren Übertragung hat sich Tabit ibn Qurra erworben, der in der zweiten Hälfte des 9. Jahrhunderts eine Übersetzerschule begründete, der wir eine Fülle von Übersetzungen, sowohl aus dem Griechischen als auch aus dem Syrischen, verdanken. Auch Physik, Astronomie, Chemie, Medizin und andere Naturwissenschaften entwickelten sich in dieser Zeit erfolgreich und erreichten ein hohes Niveau.

In Spanien (und Sizilien) erreichte die Mathematik nicht das Niveau der ostarabischen Zentren, war aber für die Übermittlung ins christliche Abendland von größerer Bedeutung. Dem kam entgegen, dass die Kalifen in Spanien von Anfang an große Sorge darauf verwandten, das ostarabische Wissen auch in ihrem Herrschaftsbereich zu verbreiten. Al-Hakam II. (reg. 961–976) gründete in Cordoba eine Bibliothek, die 400 000 Bände enthalten haben soll. Sie wurde allerdings mit dem Sturz der Umayyaden im frühen 11. Jahrhundert zerstört; Teile davon wurden mit den dort wirkenden Gelehrten an kleinere Herrschaftszentren zerstreut. Die aristotelische Philosophie erlebte einen Höhepunkt in dem auch für das lateinische Hochmittelalter überaus bedeutsamen Aristoteles-Kommentator Averroes (Ibn Rušd, geb. 1126 in Cordoba, gest. 1198 in Marrakesch).

Im 10. bis 12. Jahrhundert nahmen astronomische Berechnungen und numerische Verfahren in Algebra und Trigonometrie einen breiteren Raum ein. Diese Zeit wird vor allem von al-Battani, Abu-l-Wafa, ibn al-Haitam und al-Buruni geprägt.

Damit hat die arabische Wissenschaft ihren Höhepunkt erreicht oder schon überschritten. Durch den Einfall der Mongolen in das östliche Reich (Einnahme Bagdads 1258) war das Islamische Reich im 13. Jahrhundert vom Zerfall gezeichnet. Dieses und die folgenden Jahrhunderte waren folglich auch für die Mathematik keine gute Zeit. Dennoch gab es auch jetzt noch einzelne Mathematiker von Rang. Die beiden bedeutendsten waren Nasir ad-Din at-Tusi (13. Jahrhundert) und al-Kasi (um 1400). Auf die Entwicklung im Westen hatten sie aber keinen Einfluss mehr.

5.2 *Lernen jenseits der Alpen* – Adelard von Bath

Einer der Ersten, der sich auf den mühevollen Weg gemacht hat, die von den Muslimen angehäuften Schätze antiker Wissenschaft und Philosophie samt deren Kommentare und Bearbeitungen kennenzulernen, war der Engländer Adelard von Bath (ca. 1075–1150/60). Vor allem war es seine Übersetzung der „Elemente" Euklids aus dem Arabischen, durch die er der Mathematik jener Zeit einen unschätzbaren Dienst erwiesen hat. Bevor es jedoch dazu kam, verließ er seine Heimat für ein Studium in Frankreich, wo es die zu seiner Zeit führenden Schulen nördlich der Alpen gab. Er nahm seine Studien in Tours auf und wirkte danach in Laon als Magister. Was er hier lernen konnte, hat er in einer Reihe von Schriften niedergelegt, die als ein Spiegelbild des traditionellen quadrivialen Wissens seiner Zeit nördlich der Alpen gelten können (für eine detaillierte Beschreibung seiner Werke vgl. Haskins, S. 20ff.).

Zwei dieser Werke gehören dem Bereich der traditionellen Naturphilosophie an: *De eodem et diverso* sowie die *Questiones naturales*. Das erstgenannte Werk, dessen Titel man etwa mit „Über das Eine und das Andere" übersetzen kann, steht ganz in der allegorischen Tradition von Martianus Capellas „Hochzeit" (vgl. 1.7). Die Damen *Philosophia* und *Philokosmia* verkörpern die unveränderliche Einheit bzw. das in ständigem Fluss befindliche Vergängliche. Im Gefolge der *Philosophia* befinden sich die freien Künste, im Gefolge der *Philokosmia* Reichtum, Macht, Ruhm und Lust. Natürlich wendet sich Adelard von *Philokosmia* ab und widmet sich von nun an mit ganzer Hingabe der Philosophie.

Der Inhalt dieser Schrift, die die neuplatonischen Züge der Schule von Chartres aufweist, befasst sich mit Metaphysik, Psychologie, Ethik und gibt schließlich einen Abriss der freien Künste. Von den Quadriviumsfächern stehen die Arithmetik und die Musik ganz in der neupythagoreischen Tradition. Bemerkenswert sind die Ausführungen zur Geometrie. Nach der Erläuterung der Grundbegriffe Punkt, Linie, Fläche und Körper geht Adelard sogleich zur praktischen Geometrie der Agrimensoren über, wie sie sich beispielsweise bei Gerbert und in „Boethius Geometrie II" (vgl. 5.3) findet. Von Euklid ist keine Rede. Die Astronomie entspricht dem Kenntnisstand der Lateiner im 12. Jahrhundert.

In etwa den gleichen Spuren wie *De eodem et diverso* folgt Adelards
Schrift *Questiones naturales*. Sie handelt von Pflanzen und Tieren, von
Menschen (Physiologie, Psychologie u. a.), und zuletzt von Meteorologie und Astronomie. Das Werk war im Mittelelter vergleichsweise weit
verbreitet; 20 Handschriften sind bekannt und eine Reihe von Zitaten in
den Werken anderer Gelehrter (vgl. Haskins, S. 38ff.).

Zur Arithmetik haben wir von Adelard eine Schrift mit dem Titel *Re-
gule abaci*. Diese steht ganz in der Tradition von Boethius bis zu den
lateinischen Abakisten um Gerbert von Aurillac. Eine zweite Schrift,
die unter dem Titel *Liber ysagogarum alchorismi in artem astronomi-
cam a magistro A. compositus* verbreitet war, ist von arabisch-indischen
Traditionen beeinflusst (möglicherweise von *Dixit algorismi*, vgl. 3.8),
was offensichtlich auf die ersten drei Bücher über das Rechnen im indischen dezimalen Positionssystem sowie auf die astronomischen Teile
der restlichen beiden Bücher zutrifft. Die Abschnitte über Geometrie
und Musik stehen dagegen wieder ganz in der römisch-lateinischen
Tradition. Allerdings steht – wie bereits in 3.8 bemerkt wurde – nicht
mit Sicherheit fest, ob Adelard tatsächlich der im Titel mit *magister A.*
bezeichnete Autor ist.

Auch wenn einige Stellen in den genannten Werken auf arabische
Einflüsse hindeuten, kann Adelard das alles in Tours und Laon gelernt
haben. Wichtiger ist, dass er bei diesen Studien offensichtlich ein Ge-
spür dafür entwickelt hat, dass das nicht alles sein kann.

„Weil aber die Wissenschaften […] nicht leicht alle beieinander anzutreffen sind, lohnt es sich, Lehrer verschiedener Völker aufzusuchen und
sich da, was bei ihnen jeweils besonders gut vertreten ist, anzueignen.
Was die Ausbildung in Frankreich nicht kennt, bietet das Studium jen-
seits der Alpen; was man in Italien nicht lernt, lehrt das redegewandte
Griechenland" (aus *De eodem et diverso*, zit. nach Garin, S. 161).

So machte Adelard sich auf den Weg nach Süden, um nach neuem
und tieferem Wissen zu suchen. Damit begann die für sein wissenschaftliches Werk entscheidende Phase seines Lebens, nämlich eine
Reise in den Orient, die sieben Jahre dauern sollte. Sie führte ihn zunächst über Salerno in Süditalien, wo es zu dieser Zeit bereits Kontakte
mit arabischer Wissenschaft gab, nach Sizilien.

Sizilien war zu dieser Zeit unter der Herrschaft der Normannen,
nachdem es bis 878 von Byzanz und anschließend fast 200 Jahre lang
von den Muslimen beherrscht worden war. Alle diese Kulturen hatten

ihre Spuren hinterlassen, sodass hier sowohl arabische als auch griechische Schriften zu finden waren.

Wie Adelard uns selbst in seinen Schriften mitteilt, setzte er seine Reise über Tarsus bis nach Jerusalem fort. (Ob er auch in Spanien war, ist ungewiss.)

Auf dieser Reise lernte Adelard Arabisch, machte sich vertraut mit arabischer Naturphilosophie und Astronomie, was in verschiedenen Übersetzungen mündete, die in der Folge nicht ohne Beachtung blieben; das wichtigste Ereignis für die Mathematikgeschichte der folgenden 200 Jahre war aber seine Entdeckung einer arabischen Übersetzung der „Elemente" Euklids, die er – wieder zu Hause in England – ins Lateinische übersetzte. Damit werden wir uns im nächsten Abschnitt genauer befassen.

Wie seine frühen Schriften beweisen, schätzte Adelard „die Alten" und studierte sie eifrig. Von einer Autoritätshörigkeit, wie sie das Frühmittelalter beherrschte, war er aber weit entfernt. Wie die Vertreter der Schule von Chartres (vgl. 4.4) wollte er sich bei seinen wissenschaftlichen Studien allein von der vernünftigen Einsicht leiten lassen. In den *Questiones naturales* erklärt er seinem Neffen, der allein die Autoritäten als Quellen des Wissens gelten lässt:

„Ich habe von meinen arabischen Lehrern gelernt, die Vernunft zum Führer zu nehmen; du hingegen bist zufrieden, als Gefangener einer Kette von fabelnden Autoritäten zu folgen. Welchen anderen Namen kann man der Autorität geben als den einer Kette? Wie die unvernünftigen Tiere an einer Kette geführt werden und nicht wissen wohin und warum – man führt sie und sie bescheiden sich damit, dem Strick, der sie hält, zu folgen – so sind die meisten von euch Gefangene einer animalischen Leichtgläubigkeit und lassen sich gefesselt zu gefährlichen Meinungen verleiten durch die Autorität des Geschriebenen" (zit. nach Le Goff 1965, S. 159).

Dem Vorbild Adelards folgend machten sich in dem kommenden Jahrhundert Gelehrte aus ganz Europa auf den Weg und schafften so den Lateinern die Voraussetzungen, ohne die ein Neuanfang in dieser Zeit nicht denkbar gewesen wäre. Lesen wir zum Schluss dieses Abschnitts, was der Engländer Daniel von Morley (ein Schüler Gerhard von Cremonas, vgl. 5.3) dem Bischof von Norwich über seinen intellektuellen Werdegang erzählt:

„Die Studierleidenschaft hatte mich aus England verjagt. Ich blieb einige Zeit in Paris. Ich sah dort nur Wilde, die mit würdevollem Gesicht auf ihren Schulsitzen thronten. [...] Sobald sie den Mund zu öffnen versuchten, hörte ich nur noch Kindergestammel. Sobald ich die Lage begriffen hatte, dachte ich darüber nach, wie ich diesen Risiken entgehen und jene die Schriften erhellenden ‚Künste' anders erfassen könnte, als indem ich sie im Vorübergehen grüßte oder durch Abkürzungen mied. Da heutzutage die Lehren der Araber, die fast ausschließlich aus den Künsten des Quadriviums bestehen, in Toledo unter die Menge gebracht werden, beeilte ich mich daher, dorthin zu gelangen, um mich von den weisesten Philosophen der Erde belehren zu lassen" (zit. nach Le Goff 1991, S. 26f.).

5.3 Übersetzungen, Bearbeitungen, Kommentare – Das 12. und 13. Jahrhundert

Wir haben bereits verschiedentlich darauf hingewiesen, dass trotz vereinzelter früherer Kontakte zwischen abendländischer und morgenländischer Wissenschaft griechische und islamische Werke in größerem Umfang erst im Abendland bekannt wurden, nachdem im Rahmen der Rückeroberung Spaniens (Toledo 1085) und Siziliens (1091) ein ungehinderter Zugang zu den Bibliotheken der muslimischen Herrscher möglich wurde.

Das überwältigende Interesse, mit dem sich sogleich viele christliche Gelehrte an das Studium der antiken Werke und deren arabische Bearbeitungen begaben, lässt sich kaum anders erklären, als dass die spätantiken, insbesondere die römischen Quellen, auf die man bis dahin fast ausschließlich angewiesen war, zusehends als unzulänglich empfunden wurden und sich dadurch ein dringendes Bedürfnis eingestellt hatte, nach tieferem Verständnis und Weiterentwicklung der Wissenschaften zu suchen. Wir erinnern an die Bemerkungen des Engländer Adelard von Bath im vorigen Abschnitt, dem Prototyp des Gelehrten, dem die überkommenden Schulweisheiten nicht mehr genügten, und der sich leidenschaftlich nach neuen Quellen des Wissens umsah, und an Daniel von Morley, dessen „Studierleidenschaft" ihn antrieb, von England über Paris nach Toledo zu gelangen, „wo die Lehren der Araber, die fast ausschließlich aus den Künsten des Quadriviums bestehen, unter die Menge gebracht werden", um sich „von den weisesten Philosophen der Erde belehren zu lassen".

Die weitaus umfangreichste Übersetzertätigkeit wurde in Spanien geleistet. Bevorzugtes – wenn auch nicht einziges – Zentrum war Toledo, wo man sich der Hilfe einheimischer Mitarbeiter, Araber, Juden und Christen bediente.

Nennen wir nur einige der wichtigsten Namen aus dem Bereich der Mathematik, so wird bereits klar, dass es sich bei dieser „Invasion" von Gelehrten um ein wahrhaft internationales Unternehmen handelte: Hermann von Kärnten übersetzt Euklids „Elemente", Johannes Hispalensis und Robert von Chester übersetzen Werke zur Arithmetik und Algebra (darunter die Algebra von al-Hwarizmi), Plato von Tivoli zur Trigonometrie und Astronomie, ferner die Kreisberechnung des Archimedes und den *Liber embadorum* des Abraham bar Hiyya (Savasorda) aus dem Hebräischen. Über allen hinsichtlich der Produktivität steht Gerhard von Cremona (um 1114–1187?). Seine Schüler haben ihm ein Denkmal gesetzt, indem sie 71 Bücher auflisten, die Gerhard in Toledo übersetzt haben soll. Darunter aus der Mathematik Euklids „Elemente" und „Data", die Kreisberechnung des Archimedes, die Kegelschnitte des Apollonios und die Algebraschriften von al-Hwarizmi und Abu-Kamil, um nur einige grundlegende Texte zu nennen. Weitere Übersetzungen betreffen philosophische, medizinische und astronomische Schriften.

Die überragende Rolle, die Gerhard von Cremona in Spanien für Übersetzungen aus dem Arabischen gespielt hat, kommt Wilhelm von Moerbeke (um 1215–1286), einem flämischen Dominikaner, in Sizilien für Übersetzungen aus dem Griechischen zu. Da die Verbindungen Süditaliens und Siziliens mit dem Byzantinischen Reich nie ganz unterbrochen waren, fanden sich hier neben arabischen Schriften und Übersetzungen auch Werke in der griechischen Originalsprache. Auf mathematischer Seite gehören dazu fast alle Werke von Archimedes nebst einer Reihe von Kommentaren, auf philosophischer Seite fast alle Werke des Aristoteles und ebenfalls viele Kommentarwerke.

Die von Daniel von Morley apostrophierte „Studierleidenschaft", die weite Kreise der gelehrten Welt erfasst hatte, hat gewiss dazu beigetragen, dass die Auswahl der übersetzten Schriften anfangs recht unkoordiniert vonstattenging und mehr oder weniger vom Zufall bestimmt wurde. Ein besonderer Glücksfall für das lateinische Mittelalter war unzweifelhaft, dass Euklids „Elemente" ins Arabische übersetzt wurden; denn nur auf diesem Umweg wurde dieses für über 2000 Jahre zentrale Werk griechischer Mathematik im Abendland bekannt.

Wie wir schon im vorigen Abschnitt erwähnt haben, beginnt die Überlieferung an das lateinische Mittelalter mit der Übersetzung durch Adelard von Bath um das Jahr 1120. Es handelt sich hierbei um den ersten lateinischen Text aller 13 Bücher und der unechten Bücher 14 und 15 einschließlich aller Beweise. Allerdings hat dieses Werk nicht die ihm zustehende Verbreitung gefunden. Stattdessen fand eine um 1140 geschriebene Bearbeitung weite Verbreitung, die heute sogenannte „Adelard-II-Version". Es gibt Handschriften, in denen sich alle oder nur ein Teil der Aussagen der „Elemente" finden, teils ohne jeden Beweis, teils anstelle der Beweise Erläuterungen und Hinweise, wie ein Beweis geführt werden könnte; in einigen Fällen gibt es jedoch auch vollständige Beweise. Das alles variiert in den verschiedenen Handschriften, was zeigt, dass eine ganze Reihe von Kompilatoren ihrer Einsicht und ihrem Verständnis entsprechend eigene Schwerpunkte setzten und eigene Ideen und Erkenntnisse verarbeiteten (vgl. Folkerts 2006. S. 9ff.).

Nach Busard und Folkerts stammt die Adelard-II-Version aber gar nicht, wie früher angenommen, von Adelard selbst, sondern von Robert von Chester. Als Vorlagen dienten die Übersetzungen Adelards und Hermanns von Kärnten aus dem Arabischen, aber auch „Boethius Geometrie II". Es ist erstaunlich und beachtlich, dass trotz der offensichtlichen und allgemein anerkannten Überlegenheit der Übersetzungen aus dem Arabischen, „Boethius Geometrie II" noch immer hohes Ansehen genoss. Das deutet einerseits auf die ungebrochene Autorität des Namens Boethius hin, aber auch auf die Hochschätzung der eigenen, d. h. lateinischen Tradition.

Die verkürzte Adelard-II-Version der „Elemente" fand, wie die zahlreichen noch existierenden Handschriften zeigen, nicht nur weitere Verbreitung als Adelards vollständige Übersetzung (zur Unterscheidung heute als „Adelard-I-Version" bezeichnet), sondern auch als die Übersetzungen von Hermann von Kärnten und Gerhard von Cremona. Sie wurde die Basis für alle späteren Bearbeitungen, einschließlich der des Campanus aus dem 13. Jahrhundert, die schließlich zum „Standard Euklid" des späteren Mittelalters und der Artistenfakultäten der frühen Universitäten wurde. Thierry von Chartres nahm den Adelard-II-Text in seine Enzyklopädie der freien Künste, dem *Heptateuchon*, auf.

Allein dieser kurze Ausschnitt aus der komplizierten und bei weitem noch nicht vollständig geklärten Überlieferungsgeschichte der „Elemente" lässt einige Schlüsse zu:

Das Gesamtwerk der „Elemente" mit allen vollständigen Beweisen überforderte die Aufnahmefähigkeiten der Gelehrten, die bis dahin nur spärliche Reste antiker Mathematik hatten studieren können. Es entsprach daher auch nicht ihren Interessen. „Adelard-II" und die folgenden Bearbeitungen zeugen von den – bereits im Hellenismus vorherrschenden – Bemühungen, die „Elemente" im Sinne eines „didaktisch aufbereiteten" Lehrbuches zur Verfügung zu haben. Die Bearbeitungen und Kommentare zu den „Elementen" aus dem 12. und 13. Jahrhundert und ein Vergleich mit den Bemühungen des 11. Jahrhunderts zeigen eindrücklich, dass sich das wissenschaftliche Niveau rasant verbesserte. (Dass das im Unterricht der Schulen und Universitäten keinen entsprechenden Niederschlag gefunden hat, muss allerdings auch Erwähnung finden; wir kommen im nächsten Abschnitt darauf zurück.)

Während die antiken Werke, insbesondere die „Elemente" Euklids, trotz der Vermittlerfunktion der Araber als rechtmäßiger Besitz des christlichen Abendlandes angesehen wurden, galten die Schriften zum neuen Zahlsystem und zur Algebra von Anfang an zweifelsfrei als originär muslimische Errungenschaft. Nichtsdestoweniger wurden auch diese eifrig übersetzt, bearbeitet, kommentiert und übten auf die weitere Entwicklung der Mathematik bis in die Renaissance einen enormen Einfluss aus, der dem der „Elemente" nicht nachsteht. Urheber dieser Entwicklung ist in beiden Gebieten al-Hwarizmi. Wir haben darüber berichtet und brauchen deshalb hier nicht mehr darauf einzugehen.

5.4 Enzyklopädien, Klassifizierungen

Ihr wissenschaftliches Rüstzeug bezogen die Gelehrten (und Künstler) des Frühmittelalters aus den lateinischen Handbüchern und Sammelwerken, die in den Klöstern aufbewahrt und durch die rege Kopiertätigkeit ihrer Skriptorien verbreitet wurden. Von Varro bis Hugo von St. Viktor (s. u.) bildete das klassische Kompendium der sieben freien Künste den Stoff, der als notwendig und hinreichend angesehen wurde. Die am weitesten verbreitete Enzyklopädie des Isidor von Sevilla gibt den besten Eindruck davon, was an mathematischer Allgemeinbildung verbreitet war. Von Anfang an umfasste dieser pythagoreisch-platonisch geprägte Kanon aber nicht das gesamte Wissen und auch nicht alle Kenntnisse auf mathematischem Gebiet. Ein Blick in die Werke alexandrinischer Mathematiker wie Heron oder Diophant macht dieses ebenso

deutlich wie die berufskundlichen Schriften der Römer – ganz zu
schweigen von der praktischen Rechenkunst, die im täglichen Leben,
besonders bei der Ausübung von Geschäften verschiedenster Art erforderlich oder zumindest nützlich waren.

Am Ende des Frühmittelalters hatten sich die, bei den Römern als *artes illiberales* oder gar abfällig als *artes sordidae* bezeichneten, angewandten Wissenschaften nach und nach einen festen Platz im Unterricht
der Kathedralschulen erobert, einen Platz im klassischen, von platoni-
schem Gedankengut geprägten Kanon der Lehrgegenstände war ihnen
aber verständlicherweise versperrt. Oder sollte man etwa das praktische
Rechnen mit Hilfe von Fingern, Tafeln oder Abakus – oder gar den
neuen Algorithmus des indisch-arabischen Dezimalsystems – zur Arithmetik rechnen? Wohin gehörte der Computus, wohin die Algebra, d. h.
die Lehre von den Gleichungen, die im Gefolge von al-Hwarizmi als
Methode angesehen wurde, „alle denkbaren Probleme zu lösen?"
Grundsätzlicher gefragt: Welche Stellung sollte der anwendungsorien-
tierten Wissenschaft im Verhältnis zum theoretischen Wissen – oder,
wie Martin Kinzinger es treffend ausdrückt: dem Handlungswissen im
Verhältnis zum Bildungswissen – zugewiesen werden? Zunehmende
Aktualität gewannen diese Fragen insbesondere im Hinblick auf die
Differenzierung des Bildungswesens in städtischen, auf „Handlungswis-
sen" ausgerichteten Schulen einerseits und an den Universitäten andererseits.

Aus diesen und ähnlichen Fragestellungen entwickelte sich eine umfangreiche Literaturgattung, die teils als Einleitungsliteratur, teils als Enzyklopädie bezeichnet wird. Der muslimische Gelehrte al-Farabi (geb.
872, in Bagdad erzogen, gest. 950 in Damaskus), fasst es in seiner einflussreichen Schrift über die Einteilung der Wissenschaften so zusammen:

„Der Nutzen, den man aus diesem Buche zieht, besteht darin, dass,
wenn jemand eine Wissenschaft erlernen will und darüber nachsinnt, er
weiß, welche er in Angriff nehmen und über welche er nachsinnen soll,
ferner was er bei der Betrachtung derselben erlangt, welchen Nutzen sie
hat, und welchen Vorteil er durch sie erreicht. Er macht sich an eine
Wissenschaft, gemäß einer richtigen Voraussicht und Kenntnis und
nicht gemäß der Unwissenheit und dem Zufall. An der Hand dieses
Werkes kann der Mensch Vergleiche zwischen den Wissenschaften
anstellen und erkennen, welche die bessere, nützlichere, sicherere, fester
begründete und kräftigere ist und welche die schlechtere, schwächere
und kraftlosere. Durch das Buch gewinnt man auch ein Hilfsmittel, um

den zu entlarven, der damit prahlt, eine dieser Wissenschaften zu kennen, bei dem dies aber nicht der Fall ist" (Wiedemann, S. 80).

Systematische Einteilungen der Wissenschaften gab es schon in der Antike, zum Beispiel bei dem wohl größten enzyklopädischen Geist: Aristoteles. Dessen Einteilung finden wir auch in dem letzten Klassifikationsschema der „voraristotelischen" Zeit, als die Werke des Aristoteles (mit einigen Ausnahmen) noch nicht bekannt waren, im *„Didascalicon de studio legendi"*, der „Hinführung zum rechten Lesen" des Augustiner-Chorherren Hugo von St. Viktor (um 1097–1141). Hugo, der viele Jahre Vorsteher der Schule von St. Viktor bei Paris war, nahm allerdings eine weitere, beachtenswerte Erweiterung vor. Der theoretischen und praktischen Philosophie und der Logik fügte er „die Wissenschaft, die menschlichen Werken nachgeht, die man zutreffend als Mechanik, d. h. nachgeahmte Kunst bezeichnet", hinzu. Die theoretische Philosophie unterteilte er in Theologie, Mathematik und Physik, die praktischen Philosophie in Ethik, Ökonomik und Politik. In der Mechanik wurden erstmals die handwerklichen Fächer in den Rang einer den *artes liberales* gleichgestellte Gattung erhoben. Um die Gleichgewichtigkeit zu unterstreichen, teilte Hugo die *artes mechanicae* den *septem artes liberales* entsprechend ebenfalls in sieben Disziplinen ein unter den (weit zu fassenden) Stichworten: Weberei, Waffenschmiede, Schifffahrt, Landwirtschaft, Jagd, Medizin und Theaterkunst. Freilich geht es dabei nur um die Theorie, nicht um die Ausführung solcher Künste.

Dementsprechend bietet auch Hugo zu den Inhalten der einzelnen Gebiete wenig inhaltliche Informationen, weit weniger als etwa Isidor. In der Arithmetik gibt es nichts Neues. Immerhin wird in der Geometrie deutlicher zwischen theoretischer (spekulativer) und praktischer Geometrie unterschieden (zu letzterer hat er selbst eine Schrift verfasst).

In der Tradition des Aristoteles steht auch der schon erwähnte al-Farabi, der vielleicht der Wichtigste in einer ganzen Reihe muslimischer Gelehrter war, die sich mit Einteilungen und Enzyklopädien der Wissenschaften befasst haben. Auch bei ihm finden wir substanzielle Erweiterungen des Wissenschaftskanons.

Al-Farabi teilt die Wissenschaften unter dem Oberbegriff „Philosophie" in fünf Gebiete ein: 1. Sprachwissenschaft, 2. Dialektik, 3. Mathematik, 4. Naturwissenschaften und göttliche Wissenschaft, 5. bürgerliche Wissenschaft und die Wissenschaft des Urteilssprechens und der Beredsamkeit.

Die Mathematik besteht aus Arithmetik, Geometrie, Optik, theoretischer Astronomie, Musikwissenschaft, der Wissenschaft von den Gewichten und schließlich der *scientia ingeniorum,* was etwa so viel bedeutet wie Wissenschaft von den sinnreichen Anwendungen (s. u.). Dieses System enthält also die klassischen freien Künste, insbesondere das Quadrivium, erweitert durch die praktischen Anwendungen. Arithmetik, Geometrie, Musik und Astronomie werden in einen praktischen und einen theoretischen Teil gegliedert. In den kurzen Beschreibungen der theoretischen Teile finden wir im Wesentlichen Hinweise auf das, was wir beispielsweise von Isidor kennen. Die angewandte Arithmetik ist – wie schon bei al-Hwarizmi – die Wissenschaft, der „sich die Menschen beim Handel und im bürgerlichen Verkehr" bedienen (Baur, S. 342ff.).

Al-Farabis Schrift wurde von Gerhard von Cremona ins Lateinische übersetzt. Die Übersetzung beginnt mit der aufschlussreichen Vorbemerkung:

„Obgleich es früher mehrere Philosophen gab, so wurde unter allen nur der kurzweg ein Weiser genannt, von dem man sagte, dass er die Wissenschaft von allen Gegenständen mit sicherer Kenntnis umfasste. Jetzt aber, wo die Welt alt wird, sage ich, dass keiner verdient ein Philosoph, geschweige denn ein Weiser genannt zu werden, weil kaum einer gefunden wird, der sich mit der Weisheit beschäftigen will. Deshalb glauben wir, dass unserer Kleinheit Genüge geschehe, wenn wir, da wir nicht alles können, wenigstens von einzelnem einiges und von einigem etwas oberflächlich berühren" (Wiedemann, S. 79)

Hier wird ein weiterer Aspekt der enzyklopädischen Literatur angedeutet, nämlich das Bemühen, das erreichte Wissen vor dem Verfall zu bewahren.

Einen weiteren Schub in Richtung auf die Neustrukturierung des Wissenschaftsgefüges hat die Überlieferung der Araber bewirkt sowie die Konzentration der Scholastik auf Aristoteles. Mit dem Bekanntwerden des umfangreichen griechischen Wissens ab dem 12. Jahrhundert findet die enorme Ausweitung des Stoffes ihren Niederschlag in den Klassifikationen und Enzyklopädien. Gleichzeitig nimmt damit die Auflösung der *artes liberales* als Grundlagenstudium ihren Lauf.

Eine der einflussreichen Enzyklopädien in lateinischer Sprache, die den klassischen Kanon der freien Künste im Hinblick auf die Anwendungen entschieden ausweitet, stammt von Dominicus Gundissalinus (gest. um 1190), der zum Übersetzerkreis arabischer und jüdischer Literatur in Toledo zählt. Als Enzyklopädist steht er fest auf dem Boden der aristotelisch-arabischen Tradition.

Wie bei Aristoteles und Hugo werden die Wissenschaften in theoretische und praktische Philosophie eingeteilt. Die theoretische Philosophie wird in Physik, Mathematik und Theologie bzw. Metaphysik, die praktische Philosophie in Politik, Ökonomik und Ethik unterteilt. Die Mathematik besteht aus sieben (!) Teilen: dem üblichen Quadrivium sowie Optik, der Lehre von den Gewichten und der *scientia ingeniorum*.

Zur Mathematik erklärt Gundissalinus:

„Das wissenschaftliche Mittel, dessen sich die Mathematik zu bedienen hat, ist der Beweis, der einen Syllogismus aus ersten und wahren Sätzen bildet; diese ersten Sätze ihrerseits sind dann wieder entweder sinnliche Erkenntnisse, oder Vernunftwahrheiten erster oder zweiter Ordnung. Vernunftwahrheiten erster Ordnung sind die nicht weiter mehr beweisbaren, sondern in sich selbst evidenten Sätze; zweiter Ordnung sind jene, die selbst erst durch einen Syllogismus erschlossen sind. Die Demonstration hat zwei verschiedene Arten, die geometrische und die logische; beide haben das Gemeinsame, dass sie ihre Voraussetzungen aus einer ihnen vorausliegenden Wissenschaft entnehmen; wer aber in der logischen Beweisführung tüchtig sein will, der soll sich zuvor genügend in der geometrischen Demonstration üben, die an sinnenfälligen Figuren sich vollzieht und insofern leichter ist als die abstrakte logische" (Baur, S. 232f.).

Bemerkenswert ist, dass die praktische Mathematik (Gundissalinus nennt hier noch ausdrücklich die mit dem Abakus ausgeführten Grundrechenarten) neben der theoretischen Mathematik innerhalb der theoretischen Philosophie aufgeführt wird und nicht in der praktischen. Theoretische und praktische Mathematik sind, im Gegensatz zur platonischen Tradition, vollkommen gleichberechtigt. Das beginnt schon beim Zahlbegriff. Während sich bei allen lateinischen Autoren gemäß der platonischen Doktrin Zahlen aus Einheiten zusammensetzen, die Einheit als solche unteilbar ist und selbst keine Zahl,

„[…] teilt die Praxis die Zahl in Teile und diese wiederum in Teile bis ins Unendliche; sie nennt die Teile Brüche und die Teile von Teilen Brüche von Brüchen" (Baur, S. 90 und Grant, S. 70).

Für Platon ist eine solche Praxis indiskutabel: „Die Meister dieser Kunst würden einen auslachen und fortweisen, wenn einer die Einheit in Gedanken zerschneiden wollte", lässt er Sokrates im *Staat* sagen.

Als Mittel der praktischen Arithmetik führt Gundissalinus den Abakus an (vgl. 3.8) und das Zahlenkampfspiel Rithmomachia (vgl. 3.3). Die angewandte Geometrie

„behandelt die Linien und Flächen an einem Holzstück, wenn ein Zimmermann, oder an einem Stück Eisen, wenn ein Schmied, oder an einer Wand, wenn ein Maurer, oder an bebauten Grundstücken, wenn ein Landmesser sie benutzt."

Ausführlich erläutert Gundissalinus die *scientia ingeniorum*, die „Wissenschaft von den Kunstgriffen (*ingenia*)." Diese lehrt,

„[...] wie man es anstellt, damit all das, dessen Beschaffenheit in den oben nach Inhalt und Beweis behandelten Doktrinen auseinandergesetzt ist, bei den natürlichen Körpern tatsächlich in Wirksamkeit tritt, wobei es von ihnen aufgenommen wird. [...] Diese spezielle Wissenschaft ist nötig, weil jene [theoretischen] Wissenschaften nur Betrachtungen an Linien, Oberflächen, Körpern und den übrigen Dingen, die hier in Frage kommen, insofern anstellt, als sie gedacht und von den natürlichen Körpern losgelöst sind." Dagegen sind die Wissenschaften der Ingenia „[...] die Grundlagen der praktischen bürgerlichen Künste, welche Anwendung finden bei den Körpern, Figuren, der Ordnung, den Lagen und bei der Messung; dahin gehört die Architektur und die Zimmermeisterei usw." (Wiedemann, S. 97ff.).

Gundissalinus geht dann weiter auf die geometrischen Ingenia ein, die die Grundlage der Architektur bilden, der Messung verschiedener Arten von Körpern dienen, zur Herstellung von Instrumenten mehrerer praktischer Künste dienen wie dem Bau von Musikinstrumenten und verschiedener Arten von Waffen; dazu gehört auch das Ingenium beim Sehen, die Kunst und Wissenschaft von den Spiegeln und manches andere.

Trotz der Aufwertung der angewandten Wissenschaften, sogar der praktischen Handwerkskünste, führte der klassische Kanon der freien Künste nach der Jahrtausendwende vielerorts ein zähes Weiterleben; dafür sorgten besonders die Universitäten mit ihren sogenannten „Artistenfakultäten". Selbst Thomas von Aquin, der große scholastische Gelehrte und Universitätslehrer des 13. Jahrhunderts glaubte darauf hinweisen zu müssen, dass die *artes liberales* keine ausreichende Einteilung der Philosophie darstellten.

5.5 Aristoteles, das Kontinuum und das Unendliche – Die Anfänge der Universitäten

Das zunehmende Wissen im 12. und 13. Jahrhundert machte nicht nur neue Lehrinhalte, sondern auch neue Organisationsformen des Bildungswesens nötig. Das Aufblühen der Städte, das Anwachsen von Handel und Verkehr, des Fernhandels und des Kreditgewerbes, die wachsende Macht untereinander konkurrierender „lokaler" Herrscher, die Anforderungen der Administration an den Höfen und nicht zuletzt die Machtkämpfe zwischen Kirche und Staat leiteten eine allmähliche, aber unaufhaltsame Auflösung des Bildungsmonopols der Kirche ein. Eine Richtung dieser Entwicklung (etwa parallel zu dem rapiden Aufschwung der städtischen Schulen, vor allem in Italien und Frankreich) führte zu einer Welle von Universitätsgründungen. Einige dieser Einrichtungen gingen aus Kathedralschulen hervor, wie die Universität von Paris, andere aus städtischen oder landesherrlichen Spezialschulen, z. B. der Rechtsschule in Bologna oder der Medizinschule in Montpellier.

Der Erfolg der Universitäten wurde durch das Auftreten eines neuen Typs von Gelehrten entschieden befördert – wenn nicht sogar erst ermöglicht (vgl. Le Goff 1991). Diese Leute konnten keinen Sinn mehr darin erblicken, nur um der eigenen Bildung willen zu studieren; sie fühlten sich vielmehr verpflichtet, ihr erworbenes Wissen weiterzugeben. Die Gelehrten wurden zu Lehrern, die einen Beruf, eine Profession, ausübten, Forschung und Lehre verschmolzen zu einer Einheit. Hier erlangten die Universitäten schnell eine unumschränkte Monopolstellung.

Der enormen Ausweitung des Wissens im 11. und 12. Jahrhundert entsprechend setzte sich schon früh die Aufteilung des Lehrbetriebs in vier Fakultäten durch, deren „unterste", die sogenannte „Artistenfakultät", von allen Studenten durchlaufen werden musste. Hier wurde der Student in die klassischen *artes liberales* eingeführt (daher der Name). Dieser Studienabschnitt, dessen erfolgreicher Abschluss die Voraussetzung für alle weiteren Studien bildete, endete mit dem *Baccalareat* (einer Art „Vordiplom"). Im Ansehen der „höheren" Fakultäten Theologie, Recht und Medizin war die Artistenfakultät nicht mehr als eine Art Propädeutikum für das Studium in einem ihrer Fächer.

Aus dem Unterricht der freien Künste an den Dom- und Klosterschulen bildete sich eine für die Universitäten des Hochmittelalters typische Lehr- und Forschungsmethode heraus, die sogenannte „Scholastik" (von lat. *scholasticus* = zur Schule gehörig). Charakteristisch ist 1. das klare

Herausarbeiten einer Frage (*quaestio*), 2. die scharfe Abgrenzung der Begriffe (*distinctio*) und 3. die logische Erörterung der Gründe und Gegengründe (*disputatio*). Die Wahrheit findet sich zwar im Prinzip bei den „Autoritäten" z. B. Aristoteles, Euklid, Boethius u. a. (in theologischen Fragen in der Bibel oder bei den Kirchenvätern); da es aber nicht selten widersprüchliche Meinungen gibt, muss man diese gegeneinanderstellen, und die besser begründete beibehalten „[...] zu dem Ende, dass durch Disputation aus gegensätzlichen Meinungen die handgreifliche Wahrheit herausgesucht wird."

Eine Schlüsselrolle in den Debatten der Scholastiker spielte Aristoteles, den sie gleich nach dem Bekanntwerden seiner Werke (Teile lagen schon seit dem 6. Jahrhundert vor) zu *dem* Philosophen ihrer Zeit erhoben hatten. Unter diesen Werken befanden sich auch die naturwissenschaftlichen Schriften, und auf deren Grundlage entwickelten sich Zentren naturphilosophischer Studien an Universitäten, zu denen insbesondere Oxford und Paris gehörten.

Von der theologischen Seite gab es bei der Aristoteles-Rezeption aber eine Reihe von Problemen, die man mit der christlichen Lehre nicht leicht in Einklang bringen konnte. (Kritiker warnten sogar, man solle sich hüten, dass man bei dem Versuch, Aristoteles katholisch zu machen, nicht zum Häretiker werde.) Da die führenden Naturphilosophen (auch) Theologen waren, konnte sie das nicht unberührt lassen. Problematisch war beispielsweise die These des Aristoteles von der Unendlichkeit der Zeit und der Welt, denn das widersprach in eklatanter Weise der christlichen Maxime von deren Erschaffung und Ende.

An der Diskussion solcher Fragen haben sich die meisten scholastischen Gelehrten beteiligt. Einer von ihnen war Thomas Bradwardine. Dieser bedeutende spätscholastische Gelehrte wurde zwischen 1290 und 1300 geboren und starb 1349 an der Pest. Er war *magister artium* am wichtigsten mathematisch-naturwissenschaftliche Zentrum seiner Zeit, dem Merton College in Oxford. Darüber hinaus war er Doktor der Theologie, wurde Kanzler der St. Pauls Kathedrale in London und in seinem Todesjahr Erzbischof von Canterbury.

Bradwardine formulierte (natürlich in der Sprache der Theologen) den folgenden Einwand gegen die Unendlichkeit der Zeit, ein Beispiel, an dem man erkennen kann, wie die Mathematik in diese scheinbar innertheologischen Debatten herein spielte und sogar Anstöße zu deren Weiterentwicklung gab.

„Bestände die Welt seit unendlicher Zeit, so würde es bis heute (aktual) unendlich viele Körper und ebenso unendlich viele Seelen gegeben haben. Man kann die erste Seele dem ersten Körper zuordnen, die zweite Seele dem zweiten Körper usw. Man kann aber auch dem ersten Körper die erste Seele, dem zweiten Körper die zehnte Seele, dem dritten Körper die hundertste Seele zuordnen usw. Auch so wären alle Körper mit einer Seele versehen, und Gott hätte viel zu viele Seelen erschaffen. Das wäre absurd" (zit. nach Gericke Teil II, S. 141).

Welche theologischen Konsequenzen man hieraus auch ziehen mag, vom mathematischen Standpunkt aus kann man feststellen, dass hier die Idee – sogar die explizite Angabe – einer Abbildung zwischen unendlichen Mengen auftritt. Wenn wir nämlich mit Bradwardine annehmen, dass jeder Körper genau eine Seele hat und jede Seele in einem Körper beheimatet ist, so können wir die genannte Zuordnung, die man in heutiger Terminologie mit $n \mapsto 10^{n-1}$ bezeichnen kann, auffassen als bijektive, d. h. umkehrbar eindeutige Abbildung von der (stillschweigend als abzählbar-unendlich angenommenen) Menge aller geschaffenen Seelen auf eine ihrer echten Teilmengen. Das ist aber, meint Bradwardine, unmöglich.

Tatsächlich ist das für endliche Mengen nicht möglich. Heute haben wir die Existenz einer bijektiven Abbildung zwischen einer Menge und einer echten Teilmenge geradezu zur Definition einer unendlichen Menge erhoben. Auch bei unseren Studenten erleben wir gelegentlich ungläubiges Staunen, wenn sie zum ersten Mal darauf aufmerksam gemacht werden, dass es beispielsweise eine Bijektion von der Menge der natürlichen Zahlen auf die Menge der geraden natürlichen Zahlen gibt, ebenso auf die Menge der Quadratzahlen – oder eben auf die Zehnerpotenzen.

Im Zusammenhang mit solchen Überlegungen wurde bemerkt, dass der klassische Größenbegriff im Unendlichen nicht greift. Euklid hat in den „Elementen" explizit formuliert, dass ein Teil (einer Größe) kleiner ist als das Ganze; in obigem Beispiel dagegen hat die – offenbar „kleinere" – Menge der Zehnerpotenzen die gleiche Mächtigkeit (Kardinalzahl) wie die ganze Menge. Darüber kamen die scholastischen Gelehrten nicht leicht hinweg. Immerhin bemerkt Albert von Sachsen:

„Wenn zwei Mengen sich so verhalten, dass jeder Einheit [jedem Element] der einen eine Einheit der anderen entspricht, dann ist die eine weder größer noch kleiner als die andere. Das erscheint als an sich gesichert, da ja die eine die andere nicht überragt" (Ebd., S. 143; gedacht ist hier offensichtlich an eine bijektive Abbildung).

Die Begriffe „größer" und „kleiner" lassen sich also nicht auf das Unendliche, zumindest nicht auf die Mächtigkeit unendlicher Mengen, übertragen.

Ein anderes Feld, auf dem man Aristoteles nicht leicht folgen konnte, genauer gesagt, auf dem die christliche Religion dem im Wege stand (hier der Allmacht Gottes), war ein Problem, das die Mathematik zu allen Zeiten beschäftigt hat und eine große Bedeutung in der scholastischen Diskussion des 13. und auch noch des 14. Jahrhunderts spielte, nämlich die Frage nach der Existenz des aktual-unendlichen. Dieses Thema hat Aristoteles in seiner Physik ausführlich behandelt. In der Frage der Existenz des Potenziell-Unendlichen (des Unendlichen „der Möglichkeit nach") konnten die Scholastiker Aristoteles ohne weiteres folgen, etwa wegen der unendlichen Fortsetzbarkeit der Folge der natürlichen Zahlen oder der unendlichen Teilbarkeit der Kontinua Raum und Zeit.

So fragt beispielsweise Buridan, Zeitgenosse Bradwardines, Magister der freien Künste an der Universität Paris und Lehrer des o. g. Albert von Sachsen in seinem Kommentar zur Physik des Aristoteles sinngemäß:

„Wenn Gott in der ersten Hälfte (Buridan sagt: im ersten proportionalen Teil) einer Stunde eine Größe (etwa einen Stein) erschaffen hat, in der nächsten Viertelstunde (im zweiten proportionalen Teil) wieder eine usf., hat er dann nicht nach Ablauf der Stunde eine aktual-unendliche Menge (von Steinen) erschaffen?" (Ebd., S. 139).

Weitere Beispiele dieser Art werden uns im nächsten Kapitel begegnen.

Häufig finden sich die Kontroversen auch im Zusammenhang mit der Diskussion um das Kontinuum. Nach Aristoteles besteht ein Kontinuum – kurz gesagt – nicht aus unteilbaren Atomen, weder aus endlich noch aus unendlich vielen, sondern aus zusammenhängenden Teilen derselben Art wie der Ausgangsgröße. Alle Teile eines Kontinuums sind wieder Kontinua der gleichen Art. Ein Kontinuum kann bis ins Unendliche geteilt werden, und wenn man will, kann man eine Teilung so vornehmen, dass die Reste irgendwann kleiner werden als jedes beliebig vorgegebene Kontinuum der gleichen Art (das steht schon bei Euklid), die Reste sind aber stets wieder Kontinua und keine Indivisiblen!

Bradwardine hat in seinem Werk *De continuo* diese Einstellung übernommen und leidenschaftlich verteidigt. Dazu hat er viele Beispiele angeführt, die die atomistische Auffassung – sowohl die finitistische als auch die infinitistische – ad absurdum führen sollte (Stamm, S. 21f.).

Aber im 14. Jahrhundert setzte sich allmählich die Tendenz durch, Probleme der genannten Art beiseite zu lassen. Man hatte zwar keines von ihnen gelöst, sah sie aber als unfruchtbar an und wandte sich Fragen zu, bei denen man einen direkteren Bezug zur inzwischen erarbeiteten antiken Mathematik erwarten konnte. Es ist wohl kein Zufall, dass diese Entwicklung zeitlich in etwa damit zusammentraf, dass die Scholastik ganz allgemein auf dem Rückzug ist: die immer subtiler werdenden Spitzfindigkeiten wurden mehr und mehr als kontraproduktiv angesehen und deshalb abgelehnt.

Einen produktiveren Weg fand man im Zusammenhang mit mechanischen bzw. kinematischen Studien, bei denen ebenfalls Aristoteles Pate gestanden hat. Dieser hatte viel über Bewegungsvorgänge spekuliert, zu einer quantitativen Beschreibung ist er aber nicht gekommen oder hielt sie sogar für unmöglich. Versuche, in diesen Fragen dennoch mathematische – nicht experimentelle – Hilfsmittel einzusetzen, sind im 14. Jahrhundert nicht neu. Schon in der ersten Hälfte des 13. Jahrhunderts tritt Grosseteste mit der Meinung hervor, der Nutzen der Betrachtung der Linien, Winkel und Figuren sei sehr groß, da es unmöglich sei, die Naturwissenschaft ohne sie zu verstehen. Aber es sollte dem 14. Jahrhundert vorbehalten bleiben, dies bis zu einem gewissen Grad umzusetzen.

5.6 Neue Arithmetik und Algebra – Jordanus Nemorarius

Während in den Kreisen der Scholastiker des 13. Jahrhunderts mit Vorliebe metamathematische Probleme im Kontext philosophischer und theologischer Fragestellungen diskutiert wurden, entstanden zwei mathematische Werke, die in diesem geistigen Klima eine singuläre Stellung einnehmen: die *Elementa arithmetica* und *De numeris datis*. Das erstgenannte, wie der Titel vermuten lässt, ein Werk über theoretische Arithmetik oder, wie wir heute sagen, Zahlentheorie, wurde alsbald zur Standardquelle auf diesem Gebiet im Mittelalter; das zweite ist ein „rein" algebraisches Werk, was man dem Titel nicht ohne weiteres entnehmen kann.

Über den Autor der beiden Werke ist, abgesehen von seinem Namen Jordanus Nemorarius (oder de Nemore), nichts Zuverlässiges bekannt. Selbst der Zusatz „de Nemore" gibt keinen Hinweis auf sein Leben, da ein Ortsname „Nemore" o. ä. bis heute nicht nachgewiesen werden konnte. Wahrscheinlich hat er in der ersten Hälfte des 13. Jahrhunderts an der Pariser Universität gelehrt, war aber vermutlich kein Kleriker. Neben den beiden genannten Werken, mit denen wir uns in diesem Abschnitt genauer befassen wollen, schrieb Jordanus über den Algorismus (vgl. 3.8), über Geometrie (*Liber Philotegnus*), Astronomie (*De plana sphaera*) und Mechanik (*Elementa super demonstrationem ponderum*). Damit deckt Jordanus den größten Teil des Kanons der Mathematik gemäß al-Farabis Einteilung der Wissenschaften ab (vgl. 5.4), alles auf hohem Niveau im Vergleich zu dem, was dem Mittelalter bis dahin überliefert worden war oder was es selbst bis zum 15. Jahrhundert hervorgebracht hat. Das zeigt, dass es im Wirkungskreis des Autors (also wahrscheinlich dem Umfeld der Pariser Universität) Studenten gab, die eine, für das Verständnis dieser Schriften unbedingt notwendige mathematische Grundbildung erworben hatten und nach Texten für höhere mathematischen Studien verlangten. Glücklicherweise ist die Mathematik nicht wie die Naturphilosophie des Aristoteles durch kirchliche Restriktionen und Verurteilungen beeinträchtigt worden, sodass sie sich an der Universität Paris und anderenorts frei entfalten konnte.

Die *Arithmetica* handelt in zehn Büchern von Problemen, wie sie sich – mit einigen wenigen Ausnahmen – bei Euklid und Boethius finden (Eine kritische Edition mit englischer Zusammenfassung und Kommentar in Busard 1991). Die Bücher I bis V kann man in etwa Buch II und den zahlentheoretischen Büchern VII bis IX der „Elemente" Euklids zuordnen, die Bücher VI bis X der *Institutio Arithmetica* des Boethius.

Schon der Titel „Elemente der Arithmetik" ist ein Hinweis darauf, dass Jordanus das Ziel verfolgt, die Arithmetik nach dem Vorbild der „Elemente" Euklids axiomatisch-deduktiv darzustellen. Dementsprechend gründet der Bau auf Postulaten, Axiomen und Definitionen, was für diese Zeit völlig neu und außergewöhnlich ist. Zwar bleibt Jordanus inhaltlich in der lateinischen Tradition, erweitert um die euklidische Zahlentheorie, die im Zuge der Übersetzungen griechischer Werke aus dem Arabischen bekanntgeworden waren, arbeitet aber in einer, in dieser Tradition nicht gekannten, geradezu antiken Strenge (Vermutlich kannte Jordanus die Adelard II-Version der „Elemente", vgl. 5.3).

Die Postulate (bei Jordanus heißen sie *petitiones*) besagen, kurz zusammengefasst, dass zu jeder Zahl beliebig viele gleiche Zahlen angenommen werden können, und dass es zu jeder Zahl eine um einen beliebig großen Betrag größere Zahl gibt (die Zahlenreihe kann ins Unendliche ausgedehnt werden).

Es folgt eine Liste von acht Axiomen (*communes animi conceptiones*), von denen die ersten drei besagen, dass ein Teil kleiner ist als das Ganze, dass derjenige Teil kleiner ist, der den größeren Nenner hat, und dass gleiche Vielfache von gleichen Zahlen gleich sind und umgekehrt ($a = b \Leftrightarrow na = nb$). Die übrigen Axiome betreffen das Rechnen mit der Einheit (die im klassischen Sinne nicht als Zahl angesehen wird), was man in heutiger Terminologie als $n/n = 1$, $1 \cdot n = n \cdot 1 = n$ zusammenfassen kann. Die Liste schließt mit der Rechenregel

$$a - c = (a - b) + (b - c).$$

Ferner sind den Büchern (außer Buch IV) Definitionen der Begriffe vorangestellt, die in dem betreffenden Buch erstmals behandelt werden. Im Folgenden nennen wir – mit einigen ergänzenden Hinweisen – die Wichtigsten unter ihnen und erhalten damit gleichzeitig einen ungefähren Einblick in den Inhalt des Werkes. Die römischen Zahlen bezeichnen die Nummer des entsprechenden Buches.

I.   Zahl, Differenz, Produkt, Teil(er), größter, kleiner, gemeinsamer Teiler, Grundlagen des Buchstabenrechnens;
II. Gleichheit, Denomination und Zusammensetzung von Verhältnissen, stetige Proportionen;
II. Primzahl, kommensurable Zahlen (gemeinsamer Teiler ungleich 1!), zusammengesetzte und relativ prime Zahlen, grundlegende Eigenschaften der Teilbarkeitslehre (Lösung der Gleichung $ax - by = c$, wo a, b relativ prim sind);
IV. keine Definitionen, Fortsetzung größter, kleinster, gemeinsamer Teiler, stetige Proportionen;
V.   Produkte und Quotienten von Verhältnissen (bei Jordanus Summe und Differenz, Näheres dazu in 6.3);
VI. lineare, Flächen- und Körperzahlen, pythagoreische Zahlentripel;
VII. vollkommene Zahlen, gerade Zahlen und ihre Einteilung in gerademal gerade, gerademal ungerade, ungerademal gerade (vgl. 2.1);
VIII. figurierte Zahlen (vgl. 1.1);
IX. Arten der Ungleichheit: Multiplex, superpartikular etc. (vgl. 2.1);
X.   arithmetisches, geometrisches, harmonisches und sieben weitere Mittel (vgl. 2.1).

Auf der Basis der Postulate, Axiome und Definitionen beginnt ein streng deduktiver, rein arithmetischer Aufbau der Zahlentheorie. Im Unterschied zu Euklid nimmt Jordanus weder bei der Formulierung der Aussagen noch bei den Beweisen Bezug auf geometrische Anschauung. Das fällt für die Aussagen kaum ins Gewicht – sie sind in alter Weise rein verbal formuliert –, umso mehr aber für die Beweise.

Während Boethius – wie Nikomachos – an Stelle von Beweisen lediglich Zahlenbeispiele gibt, sind die Beweise bei Jordanus völlig allgemein. Das gelingt dem Autor dadurch, dass in den Beweisen Zahlen stets durch kleine Buchstaben bezeichnet werden; Zahlenbeispiele dienen dem Autor nur zur Illustration der zu beweisenden Aussage oder des Beweises selbst, also durchaus in dem Sinne, wie wir das heute auch noch zu tun pflegen.

Als ausgesprochen nachteilig – jedenfalls für heutige, vermutlich aber auch für damalige Leser – erweist es sich, dass Jordanus keine Zeichen für Operationen wie Gleichheit, Differenz, Produkt, Quadrat, Wurzel, kleiner, größer usw. hat, mit einer Ausnahme, nämlich der Addition: ab steht für die Summe von a und b und nicht, wie heute üblich, für das Produkt. Da solche Operationen stets in Worten ausgedrückt und für Zwischenergebnisse immer wieder neue Buchstaben eingeführt werden müssen, werden nichttriviale Beweisführungen oft unübersichtlich.

Das folgende Beispiel mag dazu dienen, das Gesagte zu verdeutlichen. Bei Jordanus heißt es:

„Wenn eine Zahl in zwei gleiche und zwei ungleiche geteilt wird, so ist das Quadrat einer der gleichen gleich dem Produkt der einen ungleichen mit der anderen und [plus] dem Produkt der Differenzen."

In unserer Terminologie besagt der Satz: Aus $c + c = a + b$ (oder $a - c = c - b$) folgt $c^2 = ab + (a - c)(c - b)$. Diese Tatsache war schon bei den Griechen wohlbekannt und wurde seit Boethius, der ihn (fälschlicherweise) dem Nikomachos von Gerasa zuschreibt im Mittelalter als *Regula Nicomachi* bezeichnet (vgl. Guillaumin, Buch 2, Kap. 43,11 und Nikomachos, Buch II, Kap 23). Boethius gibt (wie gesagt, an Stelle eines Beweises) das Zahlenbeispiel $10 = 5 + 5 = 7 + 3$ (in obiger Bezeichnung also $a = 7$, $b = 3$, $c = 5$).

Wir geben den Beweis von Jordanus sinngemäß in heutiger Terminologie wieder; um ihn historisch richtig einordnen und würdigen zu können, muss man freilich den lateinischen Text lesen, den wir anschließend nach der Edition von Busard zitieren. Für dessen Verständnis ist zu beachten, wie oben schon erwähnt, dass ab die Summe von a und b bezeichnet.

„Von den ungleichen Teilen sei a der größere und b der kleinere, einer der gleichen sei c. Der gemeinsame Wert von $a - c$ und $c - b$ sei d. Aus 15 folgt [weil $c = b + d$] $c^2 = b^2 + d^2 + 2bd$. Aber $b^2 + 2bd = ba$ nach 14 weil $2d = a - b$, also $2bd = b(a - b) = ba - b^2$]. Offenkundig ist also $ab + d^2 = c^2 = b^2 + 2bd + d^2$."

Das sollte gezeigt werden; man hat nur noch d^2 durch $(a - c)(c - b)$ zu ersetzen.

Sint inequales portiones maior a et minor b et unus equalium sit c cuius ad utramque eadem est differentiam per secundam. Sitque d. Constat autem per xv^{am} quod hoc quod fit ex c in se tantum est quantum quod fit ex b in se et d in se et b in d bis. Sed b in se et in d bis tantum est quantum quod ex b in a per xiiii^{am} quoniam duplum d est differentia b et a. Palam ergo quod hoc quod fit ex a in b cum eo quod ex d in se equum est ei quod fit ex c in se. Et hoc est quod intendimus probare.

Zum Vergleich folgt die Aussage in Buch II, § 5 der „Elemente" Euklids (also ca. 400 Jahre vor Nikomachos):

„Teilt man eine Strecke sowohl in gleiche als auch in ungleiche Abschnitte, so ist das Rechteck aus den ungleichen Abschnitten der ganzen Strecke zusammen mit dem Quadrat über der Strecke zwischen den Teilpunkten dem Quadrat über der Hälfte gleich."

Offensichtlich unterscheiden sich die Formulierungen bei Jordanus und Euklid nur geringfügig. Während Euklid eine Strecke teilt, spricht Jordanus von der Teilung einer Zahl. Um die Neuartigkeit und Selbstständigkeit der Arbeitsweise des Jordanus zu verstehen, sowohl im Hinblick auf den Gebrauch der Buchstaben als auch auf die Schlussweise des Beweises, genügt es, die ersten Zeilen des euklidischen Beweises mit dem Jordanus-Text zu vergleichen.

Bei Euklid wird die Behauptung zunächst umformuliert. Dazu bezeichnet er die Endpunkte (!) der Ausgangsstrecke mit A und B, den Mittelpunkt mit C, den Teilpunkt, der die ungleichen Strecken ergibt, mit D. Nun lautet der zu beweisende Satz: $AD \cdot DB + CD^2 = CB^2$. (Setzt man hier $c = AC = CB$, $a = AD$, $b = DB$, so ist $DC = a - c = c - b$; die Behauptung erhält somit die Form $ab + (a - c)(c - b) = c^2$.) Nun beginnt Euklid seinen Beweis mit den Worten:

„Man zeichne über CB das Quadrat $CEFB$, ziehe BE, ferner DG parallel zu CE ..."

Man erkennt hier bereits, dass ein rein geometrischer Beweis folgt, der nicht in Zahlen umsetzbar ist, ohne dass dem euklidischen Gedankengang Gewalt angetan würde.

Wenden wir uns der Schrift *De numeris datis* zu. Auch dieser Titel könnte als Hinweis darauf gewählt sein, dass hier ein Werk nach antiken Vorbildern, z. B. Euklids *Data*, versucht werden soll. Während Euklid geometrische Probleme löst, handelt es sich bei Jordanus um „reine" Algebra in dem Sinne, dass aus gegebenen Zahlen (*de numeris datis*) andere, zunächst unbekannte Zahlen bestimmt werden sollen.

Das Werk ist eine Sammlung von 115 Sätzen oder Problemen (plus einigen Varianten), gegliedert in vier Büchern. Es handelt überwiegend um die Auflösung von zwei, manchmal auch mehr Gleichungen mit ebenso viel Unbekannten, die durchweg auf quadratische Gleichungen hinauslaufen. (Gelegentlich kommen auch unbestimmte Probleme vor, d. h. weniger Gleichungen als Unbekannte.)

Indem Jordanus sowohl die gegebenen als auch die unbekannten Größen mit Buchstaben bezeichnet, kann er die in der *Arithmetica* bereitgestellten Regeln für das Buchstabenrechnen ohne weiteres anwenden. Das Ziel dabei ist stets, eine „Normalform" herzustellen, in der die unbekannten Größen möglichst explizit durch die bekannten Größen ausgedrückt sind. Die zu diesem Ziel führenden Umformungen sind der eigentliche, von al-Hwarizmi vorgegebene Kern der Algebra; die Hilfsmittel sind die arithmetischen. Die resultierende Normalform muss aber keineswegs immer diejenige einer quadratischen Gleichung sein, also (in heutiger Terminologie) die Form $x^2 + px + q = 0$ haben.

Wir wollen das an zwei einfachen, aber doch typischen Beispielen verdeutlichen.

Buch I, Aufgabe 3: „Ist eine gegebene Zahl in zwei [Summanden] zerlegt und deren Produkt gegeben, so sind auch beide [Summanden] gegeben."

In heutiger Formelschreibweise: $x + y = a$, $xy = b$, wo a und b gegebene sowie x und y gesuchte Zahlen sind. Dieses Gleichungssystem kommt bereits häufig bei den Babyloniern und in der Folgezeit bei vielen Autoren vor. Jordanus löst es nun nicht, wie wir es tun würden, durch Einsetzen einer Gleichung in die andere, sondern nach babylonischem Vorbild mit Hilfe der binomischen Formel $(x - y)^2 = (x + y)^2 - 4xy$, wodurch es auf ein System von zwei linearen Gleichungen mit zwei Unbekannten zurückgeführt wird, nämlich auf das System $x + y = a$, $x - y = \sqrt{a^2 - 4b}$. An dieser Stelle endet die Erläuterung des allgemeinen Verfahrens; die Auflösung von linearen Gleichungssystemen wird als bekannt vorausgesetzt.

Wie bei fast allen Aufgaben folgt ein Zahlenbeispiel, welches Schritt für Schritt nach dem allgemeinen Lösungsverfahren bearbeitet wird. Bei der vorstehenden Aufgabe wird das Beispiel hier $x + y = 10$, $xy = 21$, mit der Schrittfolge $4 \cdot 21 = 84$, $100 - 84 = 16$, $\sqrt{16} = 4$, $10 - 4 = 6$, $6 : 2 = 3$ [$= x$], $10 - 3 = 7$ [$= y$] gelöst.

Buch III, Aufgabe 7: „Wenn von drei Zahlen in [stetiger] Proportion eine der äußeren und die Summe der mittleren mit der übrigen gegeben ist, dann sind alle gegeben."

Lösung: „Es seien *a*, *b*, *c* in [stetiger] Proportion und *a* und *b* + *c* gegebene Zahlen. Es sei $a(b + c) = d + e$, wo $d = ab$ und $e = ac$. Dann ist auch $e = b^2$, also $b^2 + ab$ [$= e + d$] gegeben. Da *a* gegeben ist, ist auch *b* gegeben."

In diesem Beispiel führt also Jordanus die Aufgabe auf die quadratische Gleichung $b^2 + ab = a(b + c)$ zurück; diese zu lösen, wird dem Leser überlassen. Die Lösung zeigt auch, wie Jordanus in Ermangelung von Operationszeichen häufig neue Buchstaben einführen muss. Für einen genaueren Einblick in die „Werkstatt" des Jordanus geben wir auch diesen Beweis im lateinischen Original gemäß der Edition von Busard (*ducere in* bedeutet multiplizieren):

Sint proportionalibus a, b, c, sitque a datus, et bc faciat numerum datum. Ducaturque a in bc et fiat de, ut sit d ex ductu a in b, et e ex ductu a in c. Ideoque et ipse e fiet ex b in se. Quare fit ex b in se et in a, qui datus est, erit datum. Ipse ergo datus.

Zusammenfassend kann gesagt werden, dass Jordanus mit seiner „Arithmetik" einen entscheidenden Schritt über die bisherigen Arbeiten und Darstellungen sowohl der lateinischen als auch der arabisch-griechischen Tradition hinaus getan hat. Er hat das gesamte zur Verfügung stehende Material nicht nur, wie viele andere auch, rezipiert, sondern von einer höheren Warte aus neu und systematisch geordnet und mit Beweisen von antiker Strenge versehen. Darüber hinaus hat Jordanus mit *De numeris datis* als Erster die Algebra aus ihrer Lage als Hilfsmittel für das Lösen praktischer Aufgaben befreit und als mathematische Theorie auf das Niveau der theoretischen Arithmetik gehoben.

6. Naturphilosophie und Mathematik in der Spätscholastik

6.1 Bemerkungen zur Naturwissenschaft im 13. und 14. Jahrhundert

In diesem Kapitel soll exemplarisch der Frage nachgegangen werden, wie im Mittelalter – und zwar hauptsächlich im 13. und 14. Jahrhundert – die Mathematik zur Herleitung und Formulierung physikalischer Aussagen eingesetzt wurde und wie umgekehrt physikalische Fragestellungen die Mathematik beeinflusst haben.

Wie wir schon im 4. Kapitel gesehen haben, waren es zunächst vor allem kosmologische Fragen, die sich den Gelehrten, die fast ausnahmslos Theologen waren, aufdrängten. Allein die biblischen Schöpfungsberichte boten hierzu hinreichenden Anlass. Nach pythagoreischer Art und im Gefolge von Platons „Timaios" wurde der Kosmos mit Hilfe der Zahl in eine proportionale Ordnung gebracht. Wenngleich solche Bemühungen anfangs – den praktischen Möglichkeiten entsprechend – spekulativer Natur waren (vergleichbar mit den Anfängen der ionischen Naturphilosophie des 6. und frühen 5. Jahrhunderts v. Chr.), sind die Bemühungen, diese Ordnung nicht nur mit der Bibel, sondern auch mit der Erfahrung in Einklang zu bringen, nicht zu übersehen.

Im 12. Jahrhundert war es die Schule von Chartres, die die „Entdeckung der Natur", ihre Eigengesetzlichkeit und Struktur mit den Mitteln der Vernunft in Angriff nahm. Man wollte sich nicht mehr damit begnügen, „die wächserne Nase der Autoritäten hin- und herzuwenden", wie es programmatisch Alanus ab Insulis formulierte (vgl. 4.4).

„Die *auctoritas* wird dem methodischen Anspruch des Vernunftentscheides unterstellt. Allein die dialektisch geschulte Vernunft nämlich kann die Widersprüche der Autoritäten aufzeigen, näher bestimmen und gegebenenfalls auflösen [...] Es werden ausdrücklich Fragen formuliert, welche auf den Erweis der Wahrheit oder Falschheit einer Aussage abzielen" (Speer, S. 290).

Vor allem bei Bernhard von Chartres

„wird die Physik zur Wissenschaft von der mathematisch zu begreifenden Natur der sinnenfälligen Welt. Dabei wird zugleich der rein formale Begriff der vier quadrivialen Disziplinen überwunden; sie werden nunmehr auch von ihrem Gegenstand, den Naturen der Dinge, als einheitliche Wissenschaft begreiflich, die ihre Vollendung in der Erfassung der Harmonie, nämlich des Zusammenspiels aller Verhältnisse findet" (Ebd., S. 293f.)

Zu einer quantitativen Physik konnte es begreiflicherweise im 12. Jahrhundert noch nicht kommen, aber die auf Platon und Boethius beruhenden Gedanken über die Natur stießen an ihre Grenzen.

Eine neue Qualität gewannen die naturwissenschaftlichen Studien mit der im 12. Jahrhundert einsetzenden Übersetzungswelle griechischer und arabischer Werke. Im Vordergrund standen von nun an Kommentare und Erweiterungen der Physik des Aristoteles, seiner Lehren von Form und Materie, von den Qualitäten der Substanzen und ihrer Intensitäten, vom Wesen der Bewegung und Veränderung und vieles andere. Diese Fragen fielen auf breites Interesse. Doch die in endlosen scholastischen Debatten und dem Zergliedern und Kommentieren der Vätertexte dialektisch geschulten Magister und Doktoren der Universitäten des 13. Jahrhunderts verwickelten sich mit immer scharfsinnigeren logischen Erörterungen in einem Dschungel von Begriffen, aus dem es keinen Ausweg zu geben schien.

Die Absetzbewegungen des 12. Jahrhunderts von dem ausschließlich auf die Autoritäten fixierten Diskurs über die Natur setzten sich im 13. Jahrhundert fort. Die griechisch-arabische Überlieferung wurde aufmerksam studiert, aber sie wurde auch der Kritik unterzogen. In dieser Auseinandersetzung gelangte man – im Gegensatz zu Aristoteles – mehr und mehr zu der Überzeugung, dass die Mathematik das adäquate Mittel zur Beschreibung von Naturgesetzen ist. Aber es ging den Scholastikern weniger um Beschreibung als vielmehr um Begründung, um die „Natur" von Licht, Wärme, Bewegung, Magnetismus und Ähnlichem; um Qualitäten zunächst, danach erst um Quantitäten. Als Mittel der Beschreibung von Naturvorgängen setzte sich die Mathematik zunehmend durch, die Gründe der Vorgänge konnte sie aber nicht erklären. Besonders klar haben sich in diesem Sinne Robert Grosseteste und sein Schüler Roger Bacon geäußert. Man muss dabei allerdings beachten, dass für die scholastischen Gelehrten das Studium der Natur nur eine Seite und nicht das Ganze der allgemeinen Suche nach der Wirklichkeit und Wahrheit hinter den sinnlich wahrgenommenen oder wahrnehmbaren Erscheinungen und Veränderungen in der Natur war.

Im 14. Jahrhundert, als die Scholastik auf theologischem Gebiet bereits auf dem Rückzug war, entstanden in diesen Kreisen der Naturphilosophen, wie wir im nächsten Abschnitt sehen werden, Fortschritte, die in manchen Punkten an die frühen Entwicklungen der Renaissance heranreichten.

Ansätze für eine mathematische Behandlung von physikalischen Grundtatsachen finden sich bereits in der Antike. Das Hebelgesetz etwa konnte mit der Proportionenlehre auf einfache Weise formuliert werden; für einen Bewegungsvorgang hatte man den zurückgelegten Weg eines Körpers und die dafür benötigte Zeit – beides messbare Größen – als Bestimmungsgrößen erkannt; dagegen verhinderte die griechische Proportionenlehre, die stets darauf beharrte, nur gleichartige Größen ins Verhältnis zu setzen, eine mathematische und somit eine begriffliche Klärung der Geschwindigkeit. Dies sollte – bis zu einem gewissen Grade jedenfalls – dem 14. Jahrhundert vorbehalten bleiben. Auch in der Frage nach der Abhängigkeit einer Bewegung von der bewegenden Kraft und gegebenenfalls von dem Widerstand, der den Körper an der Bewegung hindert, erwies sich die klassische Mathematik als mehr oder weniger ungeeignet. Aristoteles hatte zwar ein einfaches Gesetz aufgestellt, für dessen Formulierung die Proportionenlehre seiner Zeit genügte, aber es war das 14. Jahrhundert, das, nachdem es dieses Gesetz einer gründlichen Analyse unterzogen, schließlich verworfen und durch ein anderes ersetzt hatte, die mathematischen Hilfsmittel soweit ausbaute, dass sie den Anforderungen genügte.

Aber auch auf anderen Gebieten der Physik, wie etwa der Statik und Optik sowie bei Untersuchungen über das Heben von Gewichten (*scientia de ponderibus*) kamen mathematische Methoden zum Einsatz. Hier setzte die Einsicht in die Notwendigkeit von Beobachtung und Experiment ein. Allerdings litt die Praxis von Anfang an unter einem merkwürdigen Widerspruch in den Denkweisen der Spätscholastiker. Einerseits ist, wie schon erwähnt, das Bemühen um Quantifizierung von Aussagen verschiedenster Art zu erkennen, auch von solchen, die nach unserer Auffassung dafür gar nicht geeignet sind, beispielsweise aus den Gebieten der Theologie oder der Metaphysik (vgl. 5.5), andererseits wurde die naheliegende und tatsächlich angemahnte Überprüfung von abstrakt gewonnenen Naturgesetzen mit Hilfe von Messungen abgelehnt mit der Begründung, dass Messungen wegen deren zwangsläufiger Ungenauigkeit nicht geeignet seien, wahre von nur ungefähr richtigen Aussagen zu unterscheiden. Man muss in diesem Zusammenhang auch berücksichtigen, dass alle diese Untersuchungen von Mathematikern und Logikern angestellt wurden, denen es in erster Linie um theoretische Schlussfolgerungen aus Postulaten ging und nicht um praktische Untersuchungen. Es gibt beispielsweise Aussagen über gleichförmig beschleunigte Bewegungen, die rein geometrisch hergeleitet wurden (vgl. 6.4); ob solche Bewegungen in der Natur vorkommen oder hergestellt werden können, war kein Problem für diese Gelehrten, und diesbezügliche Untersuchungen hätten wohl auch außerhalb ihrer Möglichkeiten gelegen.

Eine allmähliche Abkehr von dieser Einstellung finden wir zuerst bei Nikolaus von Kues (1401–1464) im 15. Jahrhundert (die mathematischen Arbeiten werden im letzten Abschnitt genauer behandelt). Nikolaus machte Näherungsverfahren geradezu zum Programm seiner wissenschaftlichen Arbeit. Durch seine Überwindung sowohl der pythagoreisch-platonischen Auffassung von der Seinsweise der mathematischen Objekte als auch der scholastischen Abneigung gegen näherungsweise Berechnungen und Messungen steht er am Beginn einer neuen Zeit.

In seiner Schrift *De staticis experimentis* legt Nikolaus von Kues ein Programm vor und illustriert dies an einer Fülle von Experimenten, bei denen er nicht, wie das bisher üblich war, eine Qualität quantifiziert, sondern die Wirkung etwa eines Gegenstandes auf einen anderen durch „wirkliche" Experimente zahlenmäßig zu erfassen und nach Möglichkeit in einem Gesetz mathematisch zu formulieren sucht. Als Beispiel sei der Magnetstein genannt. Um dessen Wirkung auf ein Eisenstück zu untersuchen, wird das Eisenstück auf eine Waagschale gelegt und die Wage durch Auflegen von Gewichten auf der anderen Schale ins Gleichgewicht gebracht. Die Auslenkung der Waage unter dem Einfluss des Magnetsteins auf das Eisen wird sodann durch Nachlegen von Gewichten, die die Waage wieder ins Gleichgewicht bringen, gemessen. Auf diese Weise legt der Kusaner eine Tabelle an, die die nachgelegten Gewichte in Abhängigkeit von der Größe des Magnetsteins dokumentiert. Ein allgemeingültiges Gesetz vermochte dieses Experiment verständlicherweise nicht zu liefern, dennoch ist der Gedanke richtungsweisend und die Idee des funktionalen Zusammenhangs zwischen Ursache und Wirkung von Bedeutung. Diese neue Einstellung zum Messen sowie die Einsicht in die Bedeutung von Näherungslösungen – bis hin zur Annäherung an einen Grenzwertbegriff – weist weit über das Mittelalter hinaus und findet seine Fortsetzung im 17. Jahrhundert. Die sich damit andeutenden Umwälzungen in Mathematik und Naturwissenschaften werden wir im letzten Abschnitt genauer untersuchen (womit dieses Buch auch seinen natürlichen Abschluss findet).

6.2 Aristoteles, Bradwardine und das Bewegungsgesetz

Im Rahmen der Aristoteles-Rezeption wurden die mittelalterlichen Naturphilosophen mit Problemen konfrontiert, die sowohl auf physikalischem als auch auf mathematischem Gebiet Entwicklungen auslösten, die erst in der Renaissance ihre volle Entfaltung erfuhren und im 17. Jahrhundert ihre endgültigen Fassung erhielten. Als Beispiel behandeln wir in diesem Abschnitt ein scheinbar sehr spezielles Problem, das gleichwohl weitreichende Auswirkungen gehabt hat.

Ausgangspunkt sind Bemerkungen in der „Physik" des Aristoteles, wo es um die Frage geht, mit welcher Geschwindigkeit v sich ein Körper unter Einwirkung einer Kraft K bewegt, wenn die Bewegung durch einen Widerstand W gehemmt wird. Aristoteles argumentiert folgendermaßen:

Legt ein Körper durch Einwirkung einer Kraft K bei einem Widerstand W in der Zeit t den Weg s zurück, so wird derselbe Körper durch dieselbe Kraft bei gleichem Widerstand in der halben Zeit den halben Weg zurücklegen. Ferner wird der Körper bei halbem Widerstand durch die halbe Kraft in der gleichen Zeit den gleichen Weg zurücklegen (vgl. Cohen/Drabkin, S. 203).

Dabei blieben die Begriffe Geschwindigkeit, Kraft und Widerstand durchaus unbestimmt, und es ist keine Rede davon, dass diese Größen in irgendeiner Einheit gemessen werden können. Es ist auch nicht klar, ob es sich bei Kraft und Widerstand um „gleichartige" Größen handelt, die im Sinne der euklidischen Proportionenlehre ins Verhältnis gesetzt werden dürfen, d. h. „die vervielfältigt einander übertreffen können." Aristoteles geht es nicht um eine mathematische Theorie der Bewegungsvorgänge, sondern um das Verständnis von Ursache und Wirkung des Bewegungsvorganges als

„[...] Akt des potenziell Seienden, aus dem Gesichtspunkt des potenziellen Seins heraus betrachtet" (zit. nach Dijksterhuis, S. 23).

Der Gedanke, dass die Mathematik hierzu einen Beitrag leisten könne, lag ihm fern. Gleiches gilt auch noch für die scholastischen Philosophen und Logiker des 13. Jahrhunderts. Aristoteles hat hier lediglich alltägliche Erfahrungen in eine Regel gefasst, die noch immer reichlich Spielraum für Interpretationen bot.

Die überwiegende Aufmerksamkeit im 13. und 14. Jahrhundert galt derjenigen Interpretation, nach welcher die Geschwindigkeit direkt proportional zur bewegenden Kraft und indirekt proportional zum Widerstand ist. Die heute übliche, allerdings vollkommen anachronistische Form dafür ist

$$v = c \cdot K : W$$

mit einem konstanten Proportionalitätsfaktor c. Dies wurde als gültige Interpretation des Aristotelischen Bewegungsgesetzes angesehen, akzeptiert wurde sie in dieser Form aber nicht. Der Haupteinwand bestand darin, dass es ganz offensichtlich der Erfahrung widerspricht, dass selbst dann noch Bewegung möglich ist, wenn der die Bewegung hemmende Widerstand W größer ist als die die Bewegung verursachende Kraft K.

Erst seit der Neuzeit wissen wir, dass nicht die Geschwindigkeit, sondern die Beschleunigung direkt proportional zur Kraft ist (zweites Newton'sches Gesetz). Insbesondere gilt, dass eine Bewegung unverändert andauert, wenn sich die äußeren Bedingungen nicht verändern, während sich ein Körper nach dem aristotelischen Gesetz in der genannten Form mit konstanter Geschwindigkeit (statt mit konstanter Beschleunigung) bewegt, wenn Kraft und Widerstand sich nicht verändern.

Neue Ansätze gingen im 14. Jahrhundert zunächst von englischen Gelehrten aus, unter denen sich besonders Thomas Bradwardine (s. 5.5) um eine mathematische Theorie der Bewegung verdient gemacht hat. Bradwardine erhielt seine Ausbildung zum *Magister artium* und zum Doktor der Theologie am Merton-College in Oxford, zu dieser Zeit eine Hochburg der Scholastik und der Naturphilosophie. Gelehrte dieser Universität wie Robert Grosseteste, Roger Bacon, Richard Swineshead u. a. waren in erster Linie Theologen, zeichneten sich aber dadurch aus, dass sie die Naturphilosophie von einem allzu engen Autoritätsglauben zu befreien und die Mathematik als das geeignetste Hilfsmittel für die Beschreibung der Naturgesetze zu etablieren suchten.

Bradwardine verfasste neben theologischen und mathematischen Schriften die „Untersuchung über die Verhältnisse der Geschwindigkeiten bei Bewegung". In diesem Werk werden alle bis dahin vorgebrachten Versionen und Interpretationen des Aristotelischen Bewegungsgesetzes, von denen wir oben nur die wichtigste genannt haben, einer rein mathematischen Analyse unterzogen und allesamt verworfen.

Die obige Formel, angewandt auf zwei Bewegungsvorgänge, ergibt

$$K_2 : W_2 = (v_2 : v_1) \cdot (K_1 : W_1) .$$

Bradwardine interpretiert (oder ersetzt) diesen Ausdruck durch die Formel

$$K_2 : W_2 = (K_1 : W_1)^{v_2 : v_1} .$$

Wird beispielsweise die Geschwindigkeit verdoppelt oder halbiert, also $v_2 = 2v_1$ bzw. $v_2 = \frac{1}{2}v_1$, so folgt

$$K_2 : W_2 = (K_1 : W_1)^2 \quad \text{bzw.} \quad K_2 : W_2 = \sqrt{K_1 : W_1} .$$

Im nächsten Abschnitt werden wir auf diesen merkwürdigen Einfall Bradwardines näher eingehen.

Überflüssig zu sagen, dass dieses Gesetz nicht durch Experimente gewonnen oder bestätigt wurde. Tatsächlich hat es den Charakter eines Axioms, das seine – bis ins 16. Jahrhundert allgemein akzeptierte – Plausibilität daraus erhielt, dass die gängigen Einwendungen gegen die bis dahin verbreiteten Fassungen des aristotelischen Gesetzes behoben sind. Geht man etwa von einem festen Verhältnis $K_1 : W_1 > 1$ aus, so bleibt, wie Bradwardine bemerkt, auch bei fortgesetzter Halbierung von v_1 stets $K_2 : W_2$ größer als 1, also $K_2 > W_2$. Insbesondere ist v_2 dann und nur dann gleich 0, wenn $K_2 = W_2$. Damit löst diese Regel also das eingangs genannte Dilemma auf, das Aristoteles dem Mittelalter vermacht hat, und darin bestand das Hauptargument Bradwardines für die Richtigkeit seines Gesetzes.

Die historische Bedeutung des Bradwardinschen Gesetzes besteht auch darin, dass sich aus einer mathematischen Formulierung eines vermeintlichen Naturgesetzes auf mathematischen Wege Schlussfolgerungen ergaben, die mit der Erfahrung in Einklang zu stehen schienen, und damit begründet auch Bradwardine selbst sein Gesetz. Dijksterhuis kommentiert diese neue Lage treffend:

„Obgleich es sich hier um eine aus der Luft gegriffene mathematische Formulierung eines ungültigen Naturgesetzes handelt, ist die Argumentation von Bradwardine keineswegs ohne historische Bedeutung. Sie zeugt vom Suchen und Tasten nach einem mathematischen Ausdruck für die angenommene funktionelle Abhängigkeit, und es äußert sich darin das Bedürfnis, eine in der Natur vermutete Gesetzmäßigkeit präzise zu erfassen. Und für uns ist sie lehrreich als Symptom der großen Schwierigkeiten, die überwunden werden mussten, bevor es gelingen sollte, die Naturerscheinungen in der Sprache der Mathematik zu beschreiben." [Dijksterhuis S. 216]

6.3 Ausbau der Proportionenlehre

Wir haben bereits früher darauf hingewiesen, dass die Eudoxische Proportionenlehre einer der Höhepunkte der griechischen Mathematik war. Mit ihr wurden die Schrecken der inkommensurablen Verhältnisse überwunden und erst dadurch konnte es zu den großartigen Leistungen der griechischen Mathematik kommen, die die Wissenschaft des Abendlandes geprägt haben und die wir noch heute bewundern. Diese Lehre ist uns in den „Elementen" Euklids, Buch V, Definition 5 überliefert, wo es sinngemäß – in modernisierter Ausdrucksweise – heißt: Dann und nur dann ist $a : b = c : d$, wenn für alle natürlichen Zahlen m, n gilt: Ist $na < mb$, so auch $nc < md$, ist $na = mb$, so auch $nc = md$, ist $na > mb$, so auch $nc > md$.

Das Mittelalter wurde mit dieser Theorie erst im 12. und 13. Jahrhundert durch die Euklid-Übersetzungen aus dem Arabischen bekannt. Vorher war man allein auf die (heute verschollene) Euklid-Übersetzung des Boethius angewiesen, die nur die Bücher I bis IV enthielt. Aber auch nach dem Bekanntwerden vollständiger Übersetzungen der „Elemente" wurde die Eudoxische Proportionenlehre nicht wirksam, wie wir bereits in 4.1 betont haben. Stattdessen richtete sich das Interesse der scholastischen Mathematiker und Naturphilosophen auf die naturwissenschaftlichen Werke des Aristoteles und deren arabische Kommentare, die etwa zeitgleich mit den ersten vollständigen Euklid-Übersetzungen in lateinischer Sprache erschienen.

Dabei ging es aber nicht um Fragen, die mit inkommensurablen Größen im Sinne der Antike zusammenhängen, auch gab es keine Versuche einer neuen Grundlegung der Proportionenlehre – etwa was ein Verhältnis sei, welche Größen ins Verhältnis gesetzt werden können, oder wann Verhältnisse gleich seien – sondern darum, wie man die Verhältnislehre anzuwenden habe.

Eine Schlüsselstelle ist auch hier Buch V der „Elemente" Euklids. Dort heißt es in

Definition 9: „Wenn drei Größen in (stetiger) Proportion stehen, sagt man von der ersten, dass sie zur dritten zweimal im Verhältnis stehe wie zur zweiten."

Zum genaueren Verständnis schreiben wir für „mal" das Zeichen $*$ und benennen die drei Größen mit A, B, C. Dann ist

$$2 * (A : B) = A : C \quad \text{falls} \quad A : B = B : C .$$

Um $2 * (A : B)$ zu berechnen, hat man also ein C so zu bestimmen, dass $A : B = B : C$; dann ist $A : C = 2 * (A : B)$. Diese Aufgabe ist leicht zu lösen, und es ist klar, wie das auf den allgemeinen Fall $n * (A : B)$ ausgedehnt werden kann.

Die euklidisch-mittelalterliche Terminologie birgt die Gefahr in sich, diese Art der Zusammensetzung mit der Multiplikation

$$n \cdot (A : B) = (n \cdot A) : B$$

zu verwechseln. Wenn wir aber „modern" rechnen, sehen wir, dass es einen essenziellen Unterschied gibt. Es ist nämlich (mit $A : B = B : C$)

$$2 * (A : B) = A : C = (A : B) \cdot (B : C) = (A : B) \cdot (A : B) = (A : B)^2$$

entsprechend $3 * (A : B) = (A : B)^3$. In unserer heutigen Sprachregelung handelt es sich also nicht um die Multiplikation eines Verhältnisses mit einer Zahl, sondern um das Potenzieren mit der Zahl als Exponenten.

An dieser Stelle ist es angebracht, auf das Aristotelische Bewegungsgesetz und dessen Fassung durch Bradwardine zurückzukommen. Zunächst ist zu beachten, dass Bradwardine bei seiner Darstellung immer ein ganzzahliges Verhältnis der Geschwindigkeiten angenommen hat. Ist etwa $v_2 : v_1 = n$, so ist die Ausgangsformel $K_2 : W_2 = n \cdot (K_1 : W_1)$. Bradwardine hat nun nichts weiter getan, als das n-fache Produkt durch das „n-malige Produkt" im Sinne von Definition 9 und 10 aus Buch V der „Elemente" zu ersetzen, und das bedeutet dann

$$K_2 : W_2 = n * (K_1 : W_1) = (K_1 : W_1)^n .$$

Uns scheint es naheliegend, die Zusammensetzung $*$ von ganzzahligen auf gebrochene „Faktoren" auszudehnen, was gewissermaßen eine Umkehrung der Rechenart bedeuten würde. Und doch bedurfte es dazu eines so überaus kreativen Mathematikers wie Nicole Oresme, mit dem wir uns im nächsten Abschnitt eingehender befassen werden. In seinem Werk *De proportionibus proportionum* hat er die grundlegenden Rechenregeln für das Zusammensetzen von Verhältnissen und damit insbesondere für die Potenzrechnung mit gebrochenen Exponenten bereitgestellt und die Theorie im Hinblick auf inkommensurable Verhältnisse und irrationale Zahlen (wie wir heute sagen) ausgebaut. Das war für ihn einerseits eine rein innermathematische Herausforderung, aber nicht nur das. Für Oresme war, wie wir schon hervorgehoben haben, Mathematik kein ausschließlicher Selbstzweck, sondern Mittel und Zweck des Weltverständnisses.

Es soll also, um zunächst am einfachsten Fall zu bleiben, $\frac{1}{2} * (A:C)$ so definiert werden, dass $2 * \left(\frac{1}{2} * (A:C) \right) = A:C$. Demnach ist

$$\frac{1}{2} * (A:C) = A:B \Leftrightarrow A:B = B:C .$$

Das ist offenbar gleichbedeutend mit dem Auffinden einer mittleren Proportionale B zu A und C. Im Fall $\frac{1}{3} * (A:D)$ sind zwei mittlere Proportionale zu finden: $A:B = B:C = C:D$. Verallgemeinern wir diesen Sachverhalt auf beliebige natürliche Zahlen m und n, so ist

$$\frac{1}{n} * (A:B) = (A:B)^{\frac{1}{n}} = \sqrt[n]{(A:B)}$$

und

$$\frac{m}{n} * (A:B) = m * \left(\frac{1}{n} * (A:B) \right) = (A:B)^{\frac{m}{n}} = \sqrt[n]{(A:B)^m} .$$

In dem Ausdruck $A:B = \frac{m}{n} * (C:D)$ ist in Oresmes Terminologie $\frac{m}{n}$ das Verhältnis, genauer: das rationale Verhältnis der Verhältnisse $A:B$ und $C:D$.

Betrachten wir zum Beispiel die beiden klassischen Probleme der Quadrat- und Würfelverdopplung. Beim ersten geht es im Kern darum, eine mittlere Proportionale x zwischen 1 und 2 zu finden, sodass also $1:x = x:2$. Das bedeutet

$$1:2 = 2 * (1:x) \text{ oder } 1:x = \frac{1}{2} * (1:2) = (1:2)^{\frac{1}{2}},$$

modern geschrieben $x = 2^{\frac{1}{2}}$ oder $x = \sqrt{2}$, eine irrationale Zahl.

Das Problem der Würfelverdopplung ist äquivalent zur Konstruktion von zwei mittleren Proportionalen $1:x = x:y = y:2$. Das können wir auch schreiben als $1:2 = 3 * (1:x)$ oder

$$1 : x = \frac{1}{3} * (1:2) = (1:2)^{\frac{1}{3}},$$

d. h. $x = \sqrt[3]{2}$, ebenfalls eine irrationale Zahl. Während sich x im ersten Fall geometrisch leicht realisieren lässt, nämlich als Diagonale eines Quadrats der Seitenlänge 1, sind alle Versuche, x (und damit auch y) im zweiten Fall mit Zirkel und Lineal zu konstruieren, fehlgeschlagen; wir können heute beweisen, dass dies – bei genauerer Bestimmung der zugelassenen Konstruktionen – unmöglich ist.

Die beiden Beispiele zeigen, dass es inkommensurable Verhältnisse gibt, die ein rationales Verhältnis haben. Oresme glaubt nun, dass es inkommensurable Verhältnisse gibt, die zu keinem kommensurablen Verhältnis in einem rationalen Verhältnis stehen, m. a. W. dass nicht jedes Verhältnis die Form $\frac{m}{n} * (C:D)$ hat mit einem rationalen Verhältnis $C : D$. Die Begründungsversuche Oresmes lassen darauf schließen, dass ihm die Tatsache bewusst war, dass es Zahlen (oder Punkte auf der Zahlengerade) gibt, die nicht die Form $a^{\frac{m}{n}}$ haben mit einer rationalen Zahl a. Kurz: Nicht jede irrationale Zahl ist eine Wurzel aus einer rationalen Zahl. Dass hält Oresme für wahrscheinlich, gesteht aber ein, dass er es nicht beweisen kann.

Diese Überlegungen sind für Oresme keine Spielerei; denn, so argumentiert er, da es sehr wahrscheinlich ist, dass in einer beliebig vorgegebenen Menge von Verhältnissen jedes von ihnen inkommensurabel zu jedem anderen ist, so gilt das auch für die Menge der Verhältnisse der Umlaufzeiten der Gestirne. Demnach können sich Konstellationen am Sternhimmel niemals wiederholen. Dies, so Oresme, entzieht der Astrologie jede vernünftige Grundlage und macht zuverlässige Vorhersagen unmöglich.

6.4 Die Theorie der Formlatituden

Neben Oxford war Paris im 13. und 14. Jahrhundert ein bedeutendes Zentrum der Mathematik und Naturwissenschaften. Hier wirkte einer der bedeutendsten Mathematiker und Naturwissenschaftler des 13. und 14. Jahrhunderts, Nicole Oresme (gest. 1382). Seine Biografie ähnelt in gewisser Weise derjenigen Bradwardines. Oresme war Magister artium am Collège von Navarra in Paris, Dekan der Kathedrale von Rouen und

Bischof von Lisieux in der Normandie. Beide verkörpern schon durch ihren beruflichen Werdegang den typischen spätscholastischen Gelehrten; zugleich vertreten sie die wichtigsten mathematischen Zentren ihrer Zeit, nämlich diejenigen der Universitäten Oxford und Paris. Auf der Grundlage der aristotelischen Naturwissenschaft und ihrer Erweiterungen im 13. Jahrhundert hat Oresme einen besonders originellen und innovativen Beitrag geliefert.

Wir haben schon erläutert, dass man im 14. Jahrhundert weder eine Möglichkeit noch einen dringenden Bedarf sah, physikalischen Größen in geeigneten Einheiten zu messen. Stattdessen sprach man vom „Grad", von der „Intensität" einer Größe oder Ähnlichem. Wird beispielsweise ein Metallstab an einem Ende erhitzt, so breitet sich die Wärme (Beispiel einer Qualität) in dem Stab aus (Extension). Der Stab ist der Träger der „intensivierbaren Sache" Wärme, die jeweilige Temperatur die „Intensität". Oder: Bewegt sich ein Körper geradlinig mit variabler Geschwindigkeit, so kann man die Bewegung selbst als die intensivierbare Sache ansehen und die jeweilige Geschwindigkeit als die Intensität der Bewegung.

Der Gedanke, eine kontinuierliche Größen durch eine Strecke, die so etwas wie der Prototyp einer kontinuierlichen Größe ist, darzustellen, scheint uns heute naheliegend und war auch zur Zeit Oresmes keineswegs neu. Tatsächlich war es aber Oresme, der diesen Gedanken als Erster konsequent umsetzte. In seinem Werk *Quaestiones super geometriam euclidis* (vgl. Busard, 1961) erläutert Oresme seine Methode wie folgt:

„Jede Intensität, die sukzessive erreicht wird, ist durch eine gerade, über irgendeinem Punkt des Trägers der intensivierbaren Sache senkrecht errichteten Strecke darzustellen. Denn welches Verhältnis zwischen Intensitäten derselben Art gefunden wird, wird auch zwischen den Strecken gefunden und umgekehrt. […] So werden gleiche Intensitäten durch gleiche Strecken, eine doppelte Intensität durch eine doppelte Strecke abgebildet und ähnlich proportional fortschreitend" (zit. nach Becker, S. 131f.).

Bei den so darzustellenden Intensitäten unterscheidet Oresme drei Arten (vgl. Abb. XIII): die gleichförmige (*uniformiter*), die gleichförmig-ungleichförmige (*uniformiter difformis*) und die ungleichförmig-ungleichförmige (*difformiter difformis*). Wir werden uns nur mit den beiden ersten befassen.

„Die lineare gleichförmige Qualität wird darzustellen sein gleichsam durch eine rechtwinklige viereckige Fläche von gleichförmiger Höhe, sodass die Erstreckung (*extensio*) durch die Basis, die Intensität (*intensio*) durch eine gleichweit abstehende Linie dargestellt wird. Die in gleichförmiger Weise ungleichförmige Qualität aber ist darzustellen durch eine Fläche, die in gleichförmiger Art ungleichförmig hoch ist, sodass die Gipfellinie nicht gleichweit von der Basis absteht" (Ebd., S. 132).

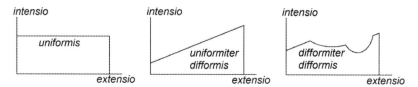

Abb. XIII: Grafische Darstellung der verschiedenen Arten von Intensitäten nach N. Oresme

Man könnte meinen, die ganze Methode sei nur eine Art von Veranschaulichung ohne tieferen Erkenntniswert. Tatsächlich wird sie in Oresmes Hand ein innovatives Mittel für das Verständnis von funktionalen Abhängigkeiten in der Natur und öffnet darüber hinaus Wege für deren mathematische Behandlung. Zur Erläuterung wählen wir die Abhängigkeit zwischen Geschwindigkeit, Zeit und Weg eines bewegten Körpers.

Nach der gültigen Proportionenlehre, wie sie aus den „Elementen" Euklids bekannt war, war es nicht möglich, ungleichartige Größen wie etwa Geschwindigkeit und Zeit ins Verhältnis zu setzen. Die grafische Darstellung bot hierfür einen Ersatz: Man konnte stattdessen die zugehörigen Strecken ins Verhältnis setzen oder sie gegebenenfalls multiplizieren. Zu der Einsicht, die Geschwindigkeit als Verhältnis von Weg und Zeit und den Weg als Fläche aufzufassen, scheint uns nur noch ein kurzer Weg zu sein. Für die Zeitgenossen Oresmes gilt das gewiss nicht

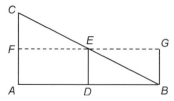

Abb. XIV: Darstellung der mittleren Geschwindigkeit nach N. Oresme

in gleicher Weise. Besonders für die keinesfalls unmittelbar einsichtigen
Auffassung Oresmes, dass eine Fläche ein mathematisch und physika-
lisch sinnvoller Ausdruck für den zurückgelegten Weg sein kann, war
nicht leicht zu akzeptieren.

Besondere Überzeugungskraft geht von Anwendungsbeispielen aus.
Oresme wählt (neben anderen) ein fundamentales physikalisches Gesetz, das zu seiner Zeit längst bekannt und akzeptiert war. Es führt den
schwierigen Begriff der gleichmäßig beschleunigten Bewegung auf den
einfacheren der gleichförmigen Bewegung zurück. Dieses Gesetz besagt, dass ein gleichförmig beschleunigter Körper in einem Zeitintervall
den gleichen Weg durchläuft wie ein mit der mittleren Geschwindigkeit
gleichförmig bewegter Körper. Die folgende Begründung Oresmes ist
nicht der erste Beweisversuch, man wird aber mit Recht sagen dürfen:
der überzeugendste. Über 200 Jahre später wird Galilei einen ganz ähnlichen Beweis im Zusammenhang mit seinen Studien zum freien Fall
liefern. Wir zitieren Satz und Beweis aus Oresmes *Tractatus de configurationibus qualitatum et motuum* (part III chapt.VII nach der Edition
von M. Clagett). Zunächst der Satz:

„Eine gleichförmig ungleichförmige Qualität ist von der gleichen Quantität wie sie sein würde, wenn sie mit dem mittleren Grad gleichförmig
wäre."

Der Beweis „[…] für eine längs einer Linie ausgebreiteten Qualität.
[…]" lautet wie folgt (vgl. Abb. XIV):

„Es möge eine Qualität gegeben sein, die durch das Dreieck *ABC* dargestellt werden kann. Es ist eine gleichförmig ungleichförmige Qualität,
die im Punkte *B* mit Null endet. Es sei *D* der Mittelpunkt der das Objekt
darstellenden Linie; der Grad der Intensität, der in diesem Punkte
herrscht, wird durch die Linie *DE* dargestellt.

Die Qualität, die überall den so bezeichneten Grad hat, kann durch
das Viereck *AFGB* dargestellt werden. […] Aber nach Euklid, „Elemente" 1, 26 sind die beiden Dreiecke *EFC* und *EGB* gleich [d. h. kon-
gruent]. Das die gleichförmig ungleichförmige Qualität darstellende
Dreieck *ABC* und das Viereck *AFGB*, das die gleichförmige Qualität
darstellt, gemäß dem Grade im mittleren Punkte, sind also gleich. Die
beiden Qualitäten, von denen die eine durch das Dreieck, die andere
durch das Viereck dargestellt werden kann, sind also ebenfalls [quanti-
tativ] einander gleich, und das war zu beweisen" (Clagett, S. 408f.).

Oresme „berechnet" hier gewissermaßen die Fläche (das Integral) unter der „Gipfellinie"; in diesem Fall eine einfache Sache. Doch dann geht Oresme dazu über, allgemeiner ungleichförmige Bewegungen zu untersuchen und die zugehörigen Wege-Flächen zu berechnen. Dass ihm hierbei enge Grenzen gesetzt sind (die Integralrechnung ist noch weit entfernt), versteht sich von selbst. Wir werden jedoch im nächsten Abschnitt sehen, wie befruchtend diese Versuche für die Mathematik gewesen sind.

6.5 Konvergenz –
Auf dem Weg zum unendlich Kleinen

In seinem *Tractatus de configurationibus qualitatum et motuum* macht Oresme die folgende Behauptung (vgl. Abb. XV a):

„Wenn ein Mobile sich im ersten proportionalen Teil einer Stunde mit irgendeiner Geschwindigkeit bewegen würde und im zweiten proportionalen Teil doppelt so schnell und im dritten dreimal und im vierten viermal und so fort, bis ins Unendliche immer zunehmend, so würde jenes Mobile in der ganzen Stunde genau das Vierfache durchlaufen von dem, was in der ersten Hälfte der Stunde durchlaufen wurde" (Clagett, S. 412, zit. nach Becker, S. 133).

Mit den Erläuterungen im vorangehenden Abschnitt wird klar, dass Oresme hier behauptet, die in Abb. XVa dargestellte, nach oben unendlich ausgedehnte Treppenfläche sei das Vierfache der Fläche E (Abb. XVc). Der Einfachheit halber nehmen wir den „ersten proportionalen Teil" als ½, den „zweiten proportionalen Teil" als ¼ usw. an.

Die Konstruktionsbeschreibung kann man dann so interpretieren, dass Oresme die Gesamtfläche als Summe der in Abb. XVa dargestellten Teilflächen bestimmt. Das ist gleichbedeutend mit der Summation der folgenden unendlichen Reihe (*v* bezeichnet die Geschwindigkeit des Mobiles):

$$\frac{1}{2}v + \frac{1}{4}2v + \frac{1}{8}3v + \frac{1}{16}4v + \ldots = v \cdot \sum_{n}^{\infty} 1\frac{n}{2^n} \ .$$

Dass eine unendlich ausgedehnte Fläche endlichen Inhalt hat, ist nicht ganz selbstverständlich. Fast 300 Jahre nach Oresme fand Toricelli es so unglaublich, dass ein von ihm mit Hilfe der Indivisiblentheorie

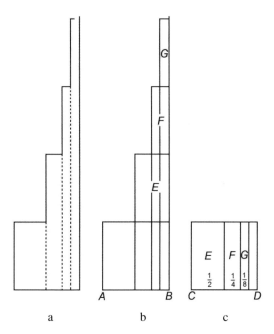

Abb. XV

berechneter Rotationskörper endliches Volumen hat, obwohl er sich ins Unendliche erstreckt, dass er vorsichtshalber zwei Beweise lieferte.

Oresme hat die Sache richtig erfasst, wenn er betont:

„Eine endliche Fläche kann man so lang oder so hoch machen wie man will, indem man die Breite variiert, ohne dass die Fläche größer wird. Denn jede Fläche hat sowohl Länge wie Breite und es ist möglich, dass sie in einer Dimension wächst, so viel man will, ohne dass die ganze Fläche größer wird, solange die andere Dimension proportional verkleinert wird. Und dies gilt ebenso für Körper" (Clagett, S. 412).

Die Methode, mit der Oresme nun die Summe dieser Reihe bestimmt, ist eine geometrische und es ist zweifelhaft, ob er ohne seine grafische Methode zu einem Ergebnis gekommen wäre. Zu dem folgenden Beweis Oresmes vgl. Abb. XV b und c.

„Gegeben sei eine Fläche von einem Quadratfuß mit der Basis *AB* und eine andere ähnliche und gleiche mit der Basis *CD*. Bei dieser Letzteren stelle man sich vor, dass sie proportional in unendlich viele Teile stetig geteilt ist gemäß der Proportion 2 zu 1 über der Basis *CD*, die in gleicher Weise geteilt ist. Sei E der erste Teil, F der zweite, G der dritte usw. für die anderen Teile. Jetzt wird der Erste dieser Teile, nämlich E, der gleich der Hälfte der ganzen Fläche ist, über die erste Fläche an der Seite von B gestellt. Über diese ganze Fläche wird der zweite Teil, nämlich F gestellt und darüber wieder der dritte Teil, nämlich G und so die anderen bis ins Unendliche.

Wenn dies geschehen ist, stelle man sich die Strecke AB in Richtung B gemäß der Proportion 2 zu 1 stetig geteilt vor. Dann ist sofort klar, dass auf dem ersten proportionalen Teil von AB eine Fläche der Höhe 1 Fuß steht, auf dem zweiten Teil eine Fläche von 2 Fuß Höhe, auf dem dritten Teil eine solche von 3 Fuß Höhe, auf dem vierten Teil eine der Höhe 4 usw. ins Unendliche, und so ist die Gesamtfläche die zwei Fuß der Ersten. Folglich ist die ganze über AB errichtete Fläche genau das Vierfache der Fläche desjenigen Teiles, der über dem ersten proportionalen Teil der Strecke AB steht" (Ebd., S. 412ff.).

Damit ist bewiesen, dass die obige Reihe den Summenwert $2v$ hat, mit $v = 1$ also

$$\frac{1}{2}+\frac{2}{2^2}+\frac{3}{2^3}+\frac{4}{2^4}+\ldots=4\cdot\frac{1}{2}=2\ .$$

Offenbar wird bei dem vorstehenden Beweis vorausgesetzt, dass die Summe der geometrischen Reihe $\frac{1}{2}+\frac{1}{4}+\frac{1}{8}+\ldots$ gleich 1 ist. Und tatsächlich beweist er dies unabhängig von dem vorliegenden Problem; wir kommen weiter unten darauf zurück.

Auf geschickte Art widerlegt Oresme auch, sozusagen nebenbei, eine Behauptung des Aristoteles, dass ein bewegter Körper in unendlicher Zeit notwendig einen unendlichen Weg zurücklegen müsse. Hierzu vertauscht Oresme gewissermaßen die Zeit- und Geschwindigkeitsachse oder, anders ausgedrückt, er dreht die Grafik nach rechts um 90 Grad (s. Abb. XVI) und erhält so das merkwürdige Phänomen:

„Wenn ein Mobile in einem Tag mit einer gewissen Geschwindigkeit bewegt würde und am zweiten Tag doppelt so langsam und am dritten Tag doppelt so langsam wie am zweiten und so unendlich weiter, würde es immer einen Weg durchlaufen, der kürzer ist als das Doppelte des Weges, der am ersten Tag durchlaufen wurde. Erst in Ewigkeit würde es den doppelten Weg durchlaufen, den es am ersten Tag durchlaufen hat" (Ebd., S. 426f.).

Abb. XVI

Es bleibt die Frage, auf die wir schon kurz hingewiesen haben, ob eine Strecke der Länge 1 (bei Oresme 1 Fuß, 1 Stunde o. Ä.) durch „Zerlegung in proportionale Teile" wie beispielsweise 1/2 Fuß, 1/4 Fuß, 1/8 Fuß usw. „ausgeschöpft" wird. Das ist natürlich nichts anderes als die besagte Summenformel $\frac{1}{2}+\frac{1}{4}+\frac{1}{8}+\ldots=1$. Diese Frage ist der Inhalt der ersten *Quaestio* im Oresmes Werk „*Quaestiones super geometriam Euklidis*".

„Wird von einer Größe [*a*] der *n*-te Teil weggenommen und vom ersten Rest [*a/n*] wieder der *n*-te Teil und vom zweiten Rest ebenso und so weiter ins Unendliche, so wird die Größe genau ausgeschöpft, nicht mehr und nicht weniger" (Busard 1961, S. 2 u. S. 71).

Zur Erläuterung veranschaulichen wir *a* durch die Strecke *AB* (Abb. XVII) und setzen der Einfachheit halber $a = 1$; ferner sei $q = \frac{1}{n}$.

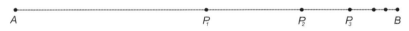

Abb. XVII

Dass *AB* „nach Wegnahme des ersten Teils AP_1 ein Verhältnis verliert" besagt dann, dass $P_1B = q$ und $AP_1 = 1-q$. Im zweiten Schritt wird P_1B im gleichen Verhältnis verkürzt, d. h. $P_2B = q^2$ und $AP_2 = 1-q^2$. Ebenso $P_3B = q^3$ und $AP_3 = 1-q^3$ usw. Oresmes obige Annahme: „[…] so wird die Größe genau ausgeschöpft, nicht mehr und nicht weniger", besagt also

$$AP_1 + P_1P_2 + P_2P_3 + \ldots = (1-q) + q(1-q) + q^2(1-q) + \ldots = 1.$$

Das können wir in Beantwortung unserer Frage mit Oresme wohl so formulieren, dass die Größe *AB* genau aus ihren proportionalen Teilen besteht, die somit eine aktual-unendliche Menge bilden.

Nun zu Oresmes Beweis, dass die Summe der Teile

$$P_iP_{i+1} = aq^{i-1}(1-q), \ i = 0, 1, 2, \ldots, \ P_0 = A,$$

tatsächlich die Größe a ergibt.

Oresme stellt eine „Suppositio" voran, also eine Annahme, ein Postulat oder Axiom, das nicht bewiesen wird:

1. „Wenn man einem Verhältnis [größer als Eins] ein Gleiches [Verhältnis] hinzufügt und der Summe wieder ein Gleiches usw., wächst das Verhältnis ins Unendliche."

2. „Wenn ein Verhältnis [$a : b > 1$] bis ins Unendliche wächst und das Vorderglied sich nicht ändert, muss das Hinterglied gegen Null gehen."

Nun schließt Oresme (sinngemäß) wie folgt: Da das Verhältnis von a und jedem folgenden Rest n-mal größer wird (z. B. $a : P_1B = n$, $a : P_2B = n^2$), geht es wegen 1. gegen Unendlich. Da sich a nicht ändert, muss nach 2. der Rest gegen Null gehen, „weshalb die gesamte Größe weggenommen wird". Das heißt offenbar nichts anderes als

$$AP_1 + P_1P_2 + P_2P_3 + \ldots = AB.$$

Oresme hat wohl richtig erkannt, dass für die Konvergenz einer unendlichen Reihe hinreichend (und notwendig?) ist, dass die Restglieder eine Nullfolge bilden, und dass eine geometrische Reihe divergiert, wenn der Quotient größer als 1 ist.

Die zweite Suppositio sagt insbesondere (und nur das wird in dem vorstehenden Beweis benutzt), dass die Folge $1, \frac{1}{2}, \frac{1}{3}, \frac{1}{4}, \ldots$ eine Nullfolge ist. Oresme weiß aber auch, dass es für die Konvergenz einer unendlichen Reihe nicht hinreichend ist, dass die Summanden eine Nullfolge bilden. Hierfür gibt er – sicher als erster – den noch heute üblichen Beweis für die Divergenz der harmonischen Reihe $1 + \frac{1}{2} + \frac{1}{3} + \frac{1}{4} + \ldots$:

„Man teile eine Stunde in unendlich viele proportionale Teile und nehme eine Größe von einem Fuß. Wenn man nun in den aufeinander folgenden proportionalen Teilen der Stunde dem Fuß $\frac{1}{2}, \frac{1}{3}, \frac{1}{4}$ usw. hinzufügt, wird die Summe unendlich. Beweis: Es gibt unendlich viele Gruppen von Gliedern, deren Summe größer ist als $\frac{1}{2}$, z. B. ist $\frac{1}{3} + \frac{1}{4}$ größer als $\frac{1}{2}$, ferner ist $\frac{1}{5} + \frac{1}{6} + \frac{1}{7} + \frac{1}{8}$ größer als $\frac{1}{2}$ usw." (Busard 1961, S. 5f. und S. 76).

Oresme zeigt – diesmal ohne einen geometrischen oder sonst irgendwie gearteten anschaulichen Bezug –, dass er im Umgang mit kon-
vergenten Reihen und Folgen eine Sicherheit erlangt hat, die für diese
Zeit einmalig ist.

6.6 Am Ende des Mittelalters – Nikolaus von Kues

Von einer anderen Warte aus hat Nikolaus von Kues, auch kurz Cusanus oder „der Kusaner" genannt, das Problem des Unendlichen bearbeitet. Geboren 1401 im Moselstädtchen Kues (heute Bernkastel-Kues)
machte Nikolaus eine steile Karriere im Kirchendienst; er starb 1464 in
Todi in Italien. Neben seinen zahlreichen Verpflichtungen als Bischof,
Kardinal und Kirchenpolitiker arbeitete er ein philosophisch-theologi-
sches System aus, das sich in allen wichtigen Punkten von der Antike,
den Kirchenvätern und auch der Scholastik unterscheidet. Das wäre für
unser Thema nicht weiter von Bedeutung, wenn darin nicht – wie in
vielen anderen der vorangegangenen philosophischen Systeme – mathematische und naturwissenschaftliche Fragestellungen eine bedeutende Rolle spielten, zumal sie jetzt mit ganz neuartigen Methoden in
Angriff genommen werden.

Nikolaus beschränkt sich bei seinen mathematischen Untersuchungen
von vornherein auf ein enges Gebiet, das schon seit der Antike immer
mit dem Unendlichen in Verbindung gebracht worden ist, nämlich auf
die Probleme der Kreisquadratur und -rektifikation, d. h. der Berechnung des Kreisinhalts und -umfangs.

„Zwar haben uns eine höhere Betrachtung und das allgemeine Beste
schon lange von geometrischen Studien abgezogen, aber zwischen den
zahllosen ernsten Sorgen, die mit dem Amt eines päpstlichen Gesandten
verbunden sind, mischte sich ergötzend in die Gespräche der Gelehrten
die Behauptung von der wissensmöglichen, aber nicht gefundenen Quadratur des Kreises; neulich haben wir sie zu Pferde immer wieder über-
dacht und dann zusammengeschrieben, was wir erreicht haben" (Nikolaus in *Quadratura circuli*, zit. nach Hofmann, S. 58).

Kann der Umfang eines einem Kreis einbeschriebenen oder umbe-
schriebenen *n*-Ecks bei genügend großer Eckenzahl dem Kreisumfang
gleich sein? Lassen sich überhaupt Flächen, die von gekrümmten Linien
begrenzt sind, mit den Flächen geradliniger Figuren vergleichen, d. h.

mit einem gemeinsamen (Flächen-) Maß messen? Wenn nicht, macht es dann Sinn, diese Probleme in Angriff zu nehmen? Ist es eventuell mathematisch – oder philosophisch – gerechtfertigt, sich hinsichtlich der Messung mit Näherungslösungen zu befassen? Kann ein Kreis durch ein Quadrat – oder einfacher: eine gekrümmte durch eine geraden Linie – so angenähert werden, dass der Unterschied kleiner ist als eine beliebig vorgegebene Größe?

„So kam es, dass vielen, ja fast allen, die sich dieser Untersuchung widmeten, nach unermesslichen Mühen schien, der Weg zur Einsicht in diesen Sachverhalt sei uns entrückt, und zwar wegen der Unmöglichkeit des Unterfangens, da die Natur der Koinzidenz einer solchen Gegensätzlichkeit widerstrebe" (Nikolaus in *De geometricis transmutationibus*, zit. nach Hofmann, S. 3).

Den Mut, diesen „entrückten Sachverhalt" trotz der offenkundigen „Unmöglichkeit des Unterfangens" von Neuem in Angriff zu nehmen, bezog Nikolaus aus seinen philosophisch-theologischen Hypothesen. Wir können darauf nicht im Einzelnen eingehen, müssen jedoch einige Grundbegriffe, die für die mathematische Arbeit von Belang sind, erwähnen.

Cusanus unterscheidet im philosophischen Kontext zwischen der *visio rationalis* und der *visio intellectualis*. Die Ratio – obwohl potenziell unendlich – erfasst nur die endlichen Dinge, wogegen die intellektuelle Schau darüber hinaus imstande ist, das Unendliche wenigstens zu erahnen, sich ihm beliebig anzunähern, ohne es allerdings wirklich erfassen zu können; sie endet in einer „belehrten Unwissenheit", in einer – wie der Kusaner es nennt – *docta ignorantia*, in der die Gegensätze sich letztlich auflösen; der Kusaner nennt es die *coincidentia oppositorum*.

Diese „Arten" der Erkenntnis werden auf die Mathematik übertragen. Gegensätze sind beispielsweise Kreis und Dreieck, da die Fläche des Kreises im Verhältnis zum Umfang am größten, die des Dreiecks aber am kleinsten ist. Die Frage ist nun, ob diese Gegensätze sich auflösen, wenn man vom Dreieck zu einem regulären n-Eck mit größerer Eckenzahl übergeht. Offenbar ist das im Endlichen nicht der Fall. Zwar nähert sich die Fläche des n-Ecks der Fläche des Kreises gleichen Umfangs an, ohne jedoch mit dieser jemals übereinzustimmen. Entsprechendes kann man für die Länge einer gekrümmten Linie und die Länge eines Polygonzuges, dessen Ecken auf dieser Linie liegen, sagen.

Die Unmöglichkeit, die Dinge genau zu erfassen und die daraus resultierende Notwendigkeit, sich mit angenäherter Gewissheit, die freilich immer mehr zu vervollkommnen ist, zufrieden geben zu müssen, ist ein Grundprinzip der Kusanischen Philosophie, mit dem er sowohl den antiken als auch den mittelalterlichen Horizont deutlich überschreitet.

Diese Ungenauigkeit der Erkenntnis liegt aber nicht im Unvermögen des Betrachters, sondern ist in den Dingen selbst auf Grund ihres Geschaffenseins begründet. Zwar sind die mathematischen Begriffe und Sätze von höchster Beständigkeit und von höchster Gewissheit, sie unterliegen aber als geschaffene Dinge, als freie Schöpfungen des menschlichen Geistes, die demzufolge korrigierbar und durch andere Inhalte ersetzbar sind, der Ungenauigkeit und Unbeständigkeit.

Folgerichtig vollzieht Nikolaus die Abkehr von dem bis dahin als selbstverständlich angenommenen Begriff der „Gleichheit".

„So nämlich fassten sie den Begriff der Gleichheit, dass einem anderen gleich ist, was um keinen rationalen – auch nicht um den allerkleinsten – Bruchteil das andere übertrifft oder von ihm übertroffen wird." (Nikolaus in *Quadratura circuli*, zit. nach Hofmann S. 41).

Erst durch den Übergang zum Grenzwert, dessen präzise Formulierung allerdings völlig außer Reichweite lag und erst im 19. Jahrhundert erfolgte,

„[…] kann man mit Recht sagen: Zu einem gegebenen Vieleckumfang kann man den gleichen Kreisumfang geben und umgekehrt" (Ebd.).

„Ein solcher infiniter Iterationsprozess aber muss", wie Böhland bemerkt, „den Erkenntnisbereich der ratio und damit auch den Bereich des rein Mathematischen in letzter Konsequenz notwendig überschreiten. Die Unmöglichkeit, geradlinige Figuren im Bereich des Endlichen dem Kreis exakt anzugleichen, ist dem Kusaner ein *aenigma* der Unzulänglichkeit des endlichen unterscheidenden Denkens" (Böhland, S. 37).

In den ersten Quadraturschriften, *De geometricis transmutationibus*, *De arithmeticis complementis* und *De circuli quadratura*, denen sich die Betrachtung zunächst zuwenden wird, stehen derartige allgemeine Überlegungen zu Möglichkeit und Endziel der Quadratur des Kreises noch klar im Vordergrund. Aber auch noch in der letzten Quadraturabhandlung des Kusaners von 1459 bleibt die prinzipielle Unterordnung des speziellen mathematischen Problems unter das eigentliche Ziel menschlichen Erkenntnisstrebens grundlegend, wenn der Kusaner seine Ausführungen mit dem Hinweis beendet, dass um den dreieinigen Urgrund

„[...] und um das Ausströmen der Dinge aus ihm die höchste Spekulation des Weisen verweilen wird" (Nikolaus in *Aurea proposito in mathematicis*, zit. nach Hofmann, S. 182).

Umgekehrt sind die metaphysischen Spekulationen der Grund für die stetigen Bemühungen des Kusaners, die logisch-deduktive, rein fachmathematische Argumentation zu verbessern.

„Denn erst in der vollständigen Ausschöpfung seiner rationalen Möglichkeiten ist der Geist zum Überstieg in den Bereich der intellektualen Schau notwendig gezwungen und wird der Übergang zur visio intellectualis geradezu unausweichlich" (Ebd., S. 117).

Nikolaus macht sich nun ans Werk eine Methode zu erarbeiten, mit der er die Probleme der Kreisquadratur und -rektifikation näherungsweise lösen will und die so angelegt ist, dass sie prinzipiell ins Unendliche fortgeführt werden kann und dabei zu immer besseren, d. h. genaueren Lösungen führt, oder anders ausgedrückt: dass der Fehler kleiner wird als eine beliebig vorgegebene Größe.

Fachmathematisch werden diese neuen Gedanken am deutlichsten in den Schriften *De circuli quadratura* von 1450 und der darauf folgenden, noch vor 1453 vollendeten, *Quadratura circuli* umgesetzt. Vor allem in der letztgenannten Schrift erhalten sie die ausgereifteste und beste Form, die Nikolaus ihnen zu geben vermochte.

Wir werden dies im Folgenden – wenn auch nur skizzenhaft – verdeutlichen (vgl. Nagel S. 77ff.).

Cusanus betrachtet einen Kreis K vom Umfang U sowie eine Folge regelmäßiger n-Ecke K_n. Anders als seine Vorläufer nimmt Cusanus nicht an, dass der Kreis den Umkreis (oder Inkreis) dieser n-Ecke bildet, sondern dass alle K_n den gleichen Umfang haben wie der Kreis K. Es bezeichne r den Radius von K, ferner r_n den Inkreisradius und R_n den Umkreisradius von K_n. Die Differenz $r_n - r_3$ nennt Cusanus den „Überschuss" (*excessus*), $R_n - R_3$ den „Unterschied" (*diminutio*). Nun kommt der entscheidende Satz in der *Quadratura circuli*:

„Es werden sich also in allen Vielecken Überschuss und Unterschied, da sie sich so zueinander verhalten, in der nämlichen Proportion stehen. Wenn also ein Verhältnis gegeben ist, und wenn man diese Beträge in einem Vieleck kennt, dann kennt man sie auch im Kreis" (Hofmann, S. 60).

Setzen wir zur Abkürzung

$$(1) \quad q(n) = \frac{r_n - r_3}{R_3 - R_n},$$

so ist also, Cusanus zufolge, $q(n) = q(m)$ für alle n und m, insbesondere also

$$(2) \quad q(n) = q(4) \text{ für alle } n.$$

Die Gültigkeit dieser Aussage wurde bereits von Zeitgenossen des Cusanus, u. a. dem Florentiner Arzt Paolo Toscanelli, mit dem Nikolaus seit Studienzeiten befreundet war, bezweifelt. Tatsächlich gilt $q(4) = 1{,}835910$, während beispielsweise $q(8) = 1{,}876547$. (Die hier und im Folgenden berechneten numerischen Werte sind nach der letzten angegebenen Stelle abgebrochen und nicht gerundet.)

Auf der Basis dieser (irrigen) Annahme vollzieht Cusanus nun in einer Art „visio intellectualis" einen (richtigen) Grenzübergang: Da die In- und Umkreisradien gegen den Radius r des Kreises vom Umfang U „konvergieren", so gilt auch

$$(3) \quad \frac{r - r_3}{R_3 - r} = q(4).$$

Dies kann man leicht nach r auflösen, und wegen der (für das Ergebnis unwesentlichen) Annahme, dass der Kreisumfang (und der Umfang aller n-Ecke) gleich 2 ist und demnach $\pi = \frac{1}{r}$, folgt

$$(4) \quad \pi = \frac{1 + q(4)}{q(4)R_3 + r_3} = 3{,}154192.$$

Dieser Wert für π ist also schlechter als der Archimedische Wert $3\frac{1}{7} = 3{,}142857$. Dennoch lohnt es sich, das vorstehende Verfahren etwas genauer zu betrachten, da eine leichte Modifikation sehr schnell zu beliebig genauen Approximationen für π führt. Setzt man nämlich in die letzte Gleichung $q(n)$ anstelle von $q(4)$ ein, so ergibt sich mit Gleichung (1)

$$(5) \quad \pi = \frac{(R_n - r_n) - (R_3 - r_3)}{R_n r_3 - r_n R_3}.$$

Rechnet man die rechte Seite dieser Gleichung beispielsweise mit $n = 16$ statt mit $n = 4$ aus, so ergibt sich bereits ein besserer als der oben genannte Archimedische Wert, nämlich $3{,}142361$. Dieses Verfahren ist

sowohl vom Rechenaufwand als auch von der „Konvergenzgeschwin-
digkeit" wesentlich effektiver als das archimedische.

Will man noch weiter gehen (was für heutige Rechenprogramme keinerlei Aufwand bedeutet, für Cusanus aber natürlich völlig außerhalb
seiner Möglichkeiten lag), so findet man beispielsweise für $n = 2^{12}$ den
Wert 3,14159266, der bereits auf sieben Stellen hinter dem Komma
richtig ist, wie ein Vergleich mit $\pi = 3{,}14159265$ zeigt. Bei diesen
Rechnungen sind die folgenden Rekursionsformeln für die Inkreisradien
r_n und die Umkreisradien R_n der 2^n-Ecke vom Umfang $U = 2$ verwandt worden:

$$r_2 = \frac{1}{4}, \quad R_2 = \frac{1}{4}\sqrt{2}, \quad r_{n+1} = \frac{1}{2}(r_n + R_n), \quad R_{n+1} = \sqrt{R_n \cdot r_{n+1}} \ .$$

Trotz der Unzulänglichkeiten in der Ausführung bleibt dem Kusaner
das unbestreitbare Verdienst, Wege eingeschlagen zu haben, die weit
über das Bisherige hinausweisen. Von allen mathematischen Arbeiten
des Kusaners, die zum Teil rigoros und unangemessen verworfen wurden, wurde die *Quadratura circuli* mit dem soeben skizzierten Verfahren von Mathematikern der folgenden Jahrhunderte am meisten und mit
dem größten Interesse diskutiert.

Literaturverzeichnis

Adelard von Bath: De eodem et diverso, s. Willner
– : Quaestiones naturales, s. Müller
Angenendt, A.: Das Frühmittelalter, 2. Aufl. Stuttgart u. a. 1995
Augustinus, Aurelius: Vier Bücher über die christliche Lehre, Bibl. der Kirchenväter, übers. von P. S. Mitterer, München 1925
– : Philosophische Frühdialoge: Gegen die Akademiker, Über das Glück, Über die Ordnung, eingel., übers. und erl. von B. R. Voss u. a., Zürich-München 1972
Backes, H.: Die Hochzeit Merkurs und der Philologie. Sigmaringen 1982
Baur, L. (Hrsg.): Dominicus Gundissalinus, De Divisione Philosophiae, philosophiegeschichtlich untersucht nebst einer Geschichte der philosophischen Einleitung bis zum Ende der Scholastik. Münster 1903
Beda, De temporibus, s. Jones, C. W.
Bergmann, W.: Innovationen im Quadrivium des 10. und 11. Jahrhunderts. Stuttgart 1985
Binding, G.: Der früh- und hochmittelalterliche Bauherr als sapiens architectus. Darmstadt 1996
Böhland, M.: Wege ins Unendliche, Die Quadratur des Kreises bei Nikolaus von Kues, Algorismus 40. Augsburg 2002
Böhne, W. (Hrsg.): Hrabanus Maurus und seine Schule, Festschrift der Rabanus-Maurus-Schule. Fulda 1980
Boethius, Institutio Arithmetica, s. Masi und Guillaumin
– : Fünf Bücher über die Musik, s. Paul
Borst, A.: Das mittelalterliche Zahlenkampfspiel. Heidelberg 1986
Brehaut, E.: An Encyclopedist of the Dark Ages – Isidor of Seville, darin Auszüge aus allen 20 Büchern in engl. Übers. New York 1912
Brunhölzl, F.: Geschichte der lateinischen Literatur des Mittelalters, Erster Band, Von Cassiodor bis zum Ausklang der karolingischen Erneuerung. München 1975
Bubnov, N. (Ed.): Gerberti Opera Mathematica, Hildesheim 1963
Busard, H. L. L.: Nicole Oresme, Quaestiones super geometriam Euclidis. Leiden 1961
– : Jordanus de Nemore, De Elementis Arithmetice Artis, A medieval Treatise on Number Theory, Part I Text and Paraphrase. Stuttgart 1991
Butzer, P. L. et al. (Hrsg): Karl der Große und sein Nachwirken, 1200 Jahre Kultur und Wissenschaft in Europa, Bd. 2 Mathematisches Wissen. Turnhout 1998

Capelle, Wilhelm: Die Vorsokratiker, Die Fragmente und Quellenberichte übersetzt und eingeleitet von Wilhelm Capelle. Stuttgart 1968

Caratzas, A. D (Ed.).: Herrad of Landsberg Hortus Deliciarum, with Commentary and Notes by A. Straub and G. Keller, New Rochelle 1977

Cassiodorus Senator, An Introduction to Divine and Human Readings, s. Jones, L. W.

Christ, : Über das argumentum calculandi des Victorius und dessen Kommentar, in: Sitzungsber. der königl. bayer. Akad. der Wiss. zu München, Jahrg. 1863, Bd. 1, S. 100–152. München 1863.

Cicero, Marcus Tullius: Vom Redner, in: Ciceros drei Bücher Vom Redner, übersetzt und erklärt von R. Kühner, S. 1–136, 2. Aufl. Stuttgart 1873

– : Gespräche in Tusculum, übers., einf. und erl. von Olof Gigon, Bibliothek der Antike. München 1991

Clagett, Marshall: Nicole Oresme and the Medieval Geometry of Qualities and Motions, Tractatus de configurationibus qualitatum et motuum, Edited with Introd., English Transl. and Commentary. Madison 1968

Cohen, M. R. und Drabkin, I. E.: A Source Book in Greek Science, fifth printing. Cambridge (Mass.) 1975,

Columella, Lucius: Zwölf Bücher über Landwirtschaft, hrsg. u. übers. von Will Richter. München 1981

Dijksterhuis, E. J.: Die Mechanisierung des Weltbildes. Berlin u. a. 1956

Dominicus Gundissalinus, s. Baur

Eco, U.: Kunst und Schönheit im Mittelalter, 3. Aufl. München 1995

Fellerer, K. G.: Die Musica in den Artes Liberales, in: Josef Koch (Hrsg.), Artes Liberales, Von der antiken Bildung zur Wissenschaft des Mittelalters. Leiden–Köln 1959

Fischer, T.: Zwei Vorträge über Proportionen. München 1956

Fleckenstein, J.: Über Hrabanus Maurus, in: Kamp, N. und Wollasch, J. (Hrsg.): Tradition als historische Kraft, Berlin–New York 1982

Folkerts, M.: „Boethius" Geometrie II. Wiesbaden 1970

– : Pseudo-Beda: De arithmeticis propositionibus, Eine mathematische Schrift aus der Karolingerzeit, in: Sudhoffs Archiv Bd. 56, S. 22–43. Stuttgart 1972

– : Die älteste mathematische Aufgabensammlung in lateinischer Sprache: Die Alkuin zugeschriebenen Propositiones ad acuendos iuvenes, Überlieferung, Inhalt Krit. Ed., Österreichische Akad. d. Wiss. Math.-Naturwiss.-Klasse, 116. Bd., 6. Abh.. Wien 1978

– : Die älteste lateinische Schrift über das indische Rechnen nach al-Hwarizmi, Sitzungsber. der Bayer. Akad. d. Wiss., Phil.-Hist. Klasse, Abh., Neue Folge, Heft 113. München 1997

– : Rithmimachie, in: Maß, Zahl und Gewicht, 2. Aufl. Wiesbaden 2001

– : Euclid in medieval Europe, in: The Development of Mathematics in Mediaeval Europe (Variorum collected studies series) Aldershot-Burlington 2006

– und Gericke, H.: Die Alkuin zugeschriebenen Propositiones ad acuendos iuvenes (Aufgaben zur Schärfung des Geistes der Jugend), Text, Übers. und Erläuterungen, in: Butzer, P. L. and Lohrmann, D. (Hrsg.), S. 283–362

– und Smeur, J. E. M.: A Treatise on the squaring of the Circle by Franco of Liège, of about 1050, in: Archives Internationales d'Histoire des Sciences, vol. 26, part I No. 98, part II No. 99, 1976

Garin, E.: Geschichte und Dokumente der abendländischen Pädagogik I Mittelalter. Reinbek bei Hamburg 1964

Gericke, H.: Mathematik in Antike und Orient, Mathematik im Abendland, Sonderausgabe in einem Band, Lizenzausgabe. Wiesbaden 1992

Grant, E.: A Source Book in Mediaeval Science. Cambridge (Mass.) 1974

Guillaumin, J.-Y. : Boèce Institution Arithmètique, Texte ètabli et traduit. Paris 1995

Gundissalinus, Dominicus, s. Baur

Haskins, C. H.: Studies in the History of Mediaeval Science, 2. Aufl. Cambridge (Mass.) 1927

Hirschberger, J.: Geschichte der Philosophie, 14. Aufl. Freiburg/Br. 1991

Hofmann, J. E.: Zum Winkelstreit der rheinischen Scholastiker in der ersten Hälfte des 11. Jahrhunderts, Abh. Preuß. Akad. Wiss., Math.-Naturwiss.-Kl. Nr. 8. Berlin 1942

– : (Hrsg.): Nikolaus von Kues, Die mathematischen Schriften, übers. von Josepha Hofmann, Einf. u. Anm. von Joseph Ehrenfried Hofmann, 2. Aufl. Hamburg 1979

Hrotsvitha von Gandersheim, Werke in deutscher Übersetzung, mit einem Beitrag zur frühmittelalterlichen Dichtung von H. Hohmeyer, München u.a. 1973

Hughes, B. , O.F.M.: Jordanus de Nemore "De numeris datis", crit. ed. and transl. Berkeley u. a. 1981

– : Arabic Algebra, Victim of Religious and Intellectual Animus, in: Folkerts, M. (Hrsg.), Mathematische Probleme im Mittelalter, S. 197–220. Wiesbaden 1996

Hugo von St. Viktor, Didascalicon, s. Taylor

Illmer, D., Aritmetik in der gelehrten Arbeitsweise des frühen Mittelalters, in: Institutionen, Kultur und Gesellschaft im Mittelalter, Festschrift für Josef Fleckensteinzu seinem 65. Geburtstag. Sigmaringen 1984

Jones, C. W. : Bedae opera de temporibus. Cambridge (Mass.), 1943

Jones, L. W.: Cassiodorus Senator, An Introduction to Divine and Human Readings, Transl. with Introd. and Notes. New York 1966

Jordanus de Nemore, De Elementis Arithmetice Artis, s. Busard

– : De numeris datis, s. Hughes 1981

Juschkewitsch, A. P.: Mathematik im Mittelalter. Leipzig 1964

Kintzinger, M.: Wissen wird Macht, Bildung im Mittelalter, Ostfildern 2003, Lizenzausgabe Darmstadt: Wissenschaftliche Buchgesellschaft

Kusch, B.: Die Entstehung unserer heutigen Zeitrechnung, in: Abh. der Preußischen Akad. der Wiss., Phil.-hist. Klasse, Jahrg. 1937 Nr. 8. Berlin 1938

Le Goff, J.: Das Hochmittelalter (= Fischer Weltgeschichte Bd. 11) Fischer Bücherei. Frankfurt/M. u. a. 1965

– : Die Intellektuellen im Mittelalter, 3. Aufl. Stuttgart 1991

– : Der Mensch des Mittelalters. Frankfurt/M. 1996

Lindberg, D. C.: Von Babylon bis Bestiarium, Die Anfänge des abendländischen Wissens. Stuttgart 1994

Lindgren, U.: Gerbert von Aurillac und das Quadrivium, Untersuchungen zur Bildung im Zeitalter der Ottonen. Wiesbaden 1976

Lorenz, Rudolf, Die Wissenschaftslehre Augustins, in: Zeitschrift für Kirchengeschichte LXVII

Male, E.: Die Gotik, Kirchliche Kunst des XIII. Jahrhunderts in Frankreich, übers. von G. Betz. Stuttgart – Zürich 1986

Mann, G. und Heuß, A. (Hrsg.): Propyläen Weltgeschichte. Berlin und Frankfurt/M. 1991

Marrou, H. I.: Geschichte der Erziehung im klassischen Altertum, 7. Aufl. München 1976

Martianus Capella: s. Stahl (1965), Stahl (1977), Zekl, Backes

Martin, M.: Klassische Ontologie der Zahl. Köln 1956

Masi, M.: Boethian Number Theory, Transl. of De Institutione Arithmetica. Amsterdam 1983

Menninger, K.: Zahlwort und Ziffer, 3. Aufl. Göttingen 1979

Müller, M.: Die Quaestiones naturales des Adelardus von Bath. Münster 1934

Nagel, B.: Hrotsvit von Gandersheim. Stuttgart 1965

Nagl, A.: Der mathematische Traktat des Radulph von Laon, in: Zeitschr. für Math. und Physik, 34 (1890) S. 86–95

Nikomachus of Gerasa: Introduction to Arithmetic, transl. by M. L. d'Ooge with Studies in Greek Arithmetic by F. E. Robbins and L. C. Karpinski. New York 1926

Oresme, Nicole: Quaestiones super geometriam Euclidis, s. Busard

– : Tractatus de configurationibus qualitatum et motuum, s. Clagett

Paul, O.: Anicius Manlius Severinus Boetius, Fünf Bücher über die Musik. Hildesheim u. a. 1985

Piper, F.: Kalendarien und Martyrologien der Angelsachsen so wie Martyrolo-giium und der Computus der Herrad von Landsperg, Berlin 1862

Platon: Timaios, in: Platon – Sämtliche Dialoge, Bd. VI, hrsg. von O. Apelt. Hamburg 1993

Plinius, C. Secundus d. Ä.: Naturkunde, hrsg. u. übers. von R. König unter Mitwirkung von G. Winkler. München 1974

Proclus Diadochus: Euklid-Kommentar, hrsg. von M. Steck im Namen der Kaiserlich Leopoldinisch-Carolinisch Deutschen Akad. der Naturforscher von Emil Abderhalden. Halle (Saale) 1945

Quintilianus, Marcus Fabius: Ausbildung des Redners, hrsg. u. übers. von Helmut Rahn. Darmstadt 1972

Roggenkamp, H.: „Maß und Zahl", Die Michaeliskirche in Hildesheim, hrsg. von H. Beseler und H. Roggenkamp. Berlin 1954

Rosen, F.: The Algebra of Mohammed ben Musa, ed. and transl. by F. Rosen. London 1831

Schrimpf, G.: Philosophia im Bildungswesen des 9. und 10. Jahrhunderts, Ein Literarturbericht für die Jahre 1960–1985, in: Floistadt, G. (Ed), Contemporary Philosophy, Ser.: Philosophy and Science in the Middle Ages, Vol. 6, Dordrecht u. a. 1990

– : Das Werk des Johannes Scottus Eriugena im Rahmen des Wissenschaftsverständnisses seiner Zeit – Eine Hinführung zu Periphyseon. Münster 1982

Singmaster, D.: The History of some of Alcuin's Propositions, in: Butzer, Karl der Große und sein Nachwirken, S. 11–29

Smits van Waesberghe, J.: Musikerziehung, Lehre und Theorie der Musik im Mittelalter. Leipzig 1969

Speer, A.: Die entdeckte Natur, Untersuchungen zu Begründungen einer "scientia naturalis" im 12 Jahrhundert. Leiden u.a. 1995

Stahl, W. H.: To a better understanding of Martianus Capella, in Speculum IL, 1965

– : Martianus Capella and the Seven Liberal Arts, Vol. II The Marriage of Philology and Mercury, transl. by W. H. Stahl and R. Johnson with E. L. Burge. New York 1977

– : Roman Science, Madison 1962, repr. 1978

Stamm, E.:Tractatus de Continuo von Thomas Bradwardina, Isis 26 (1936), S. 13–32

Taylor, L.: The Didascalicon of Hugh of St. Victor, A Medieval Guide to the Arts, repr. New York 1961

Theon von Smyrna: Mathematics useful for understanding Plato, ed. and annotated by Christos Toulis et al. San Diego 1979

Tropfke, J.: Geschichte der Elementarmathematik, Bd.1 Arithmetik und Algebra, 4. Aufl., vollst. neu bearb. von K. Vogel u.a.. Basel 1980

Ullmann, B. L.: Geometry in the mediaeval Quadrivium, in: Studi di Bibliografia e di Storia, in honore di Tammaro de Marinis, Vol. IV, S. 263–285, Verona 1964

Urbina, I. O. de: Nizäa und Konstantinopel. Mainz 1964

Vitruv: De architectura libri decem, Zehn Bücher über Architektur, übers. F. Reber. Wiesbaden 2004

Vogel, K.: Gerbert von Aurillac als Mathematiker, in: Acta Historica Leopoldina, Nr. 16 (1985) S. 9–23,

Waerden, B. L. van der: Erwachende Wissenschaft. Basel–Stuttgart 1966

Wiedemann, E.: Über al Farabis Aufzählung der Wissenschaften (De Scientiis), in: Sitzungsber. der physik.–med. Sozietät in Erlangen, Bd.39, S. 74–101

Willner, H.: Des Adelard von Bath Traktat De eodem et diverso, Münster 1903

Zekl, H. G.: Martianus Capella – Die Hochzeit der Philologia mit Merkur, Übers. mit Einl. und Anm. Würzburg 2005

Personen- und Sachregister

Gotik 125
Grosseteste 153, 161, 165
Guido von Arezzo 113
Gundissalinus 146

H
Halbton 114
  großer 115
  kleiner 115
Handabakus 103
Harmonie
  kosmische 60, 118, 123
  sublunare 60, 118, 123
Harun al-Raschid 128
Haus der Weisheit 128
Heptateuchon 122, 142
Hermann von Kärnten 141, 142
Hermann von Reichenau 64
Herodot 22
Heron 136, 143
Heron von Alexandria 24
Herrad von Landsberg 95
Himmelskörper 119
Hofkapelle 55
Hofschule 59, 75
Hortus deliciarum 95
Hrabanus Maurus 59, 95
Hrotsvit von Gandersheim 63
Hugo von Sankt Victor 145
Hugo von St. Viktor 143

I
ibn Hunain 132
ibn Qurra 131, 132, 136
ibn Turk 131
Ikonographie 38
Intensitäten 171
Isidor von Sevilla 50, 59, 82, 89,
  113, 143, 145, 146

J
Jarrow-Wearmouth 56, 88
Johannes Hispalensis 141
Johannes Scotus Eriugena 61, 118
Jordanus Nemorarius 153
Justinus 29

K
Kalender, immerwährender 95
Karl der Große 55, 61, 128
Karl der Kahle 59, 61
Karolingische Renaissance 37, 57,
  59
Klosterabakus 104, 106
Klosterschulen
  äußere 56
  innere 55
Koinzidenz 180
Köln 69
Komma, pythagoräisches 115
Konkurrente 94
Kontinuum 152
Konvergenz 174
Kreisquadratur 179
Kreisrektifikation 179

L
Lambert 133
Laon 61, 137, 138
Leimma, pythagoräisches 115
Leonardo da Vinci 123
Leonardo von Pisa (Fibonacci) 86,
  108
Limoges 78
Lobbes 105
Lorsch 74
Ludwig der Fromme 59
Luna XIV 93
Lunisolarzyklus 91
Lupus von Ferrières 63, 66, 67
Lüttich 64, 65, 67, 69, 105
Luxeuil 56

M
Macrobius 117
Makrokosmos 123
Martianus Capella 36, 37, 47, 54,
  59, 61, 62, 72, 82, 113
Martin von Laon 62
Maß, gemeinsames 111
Menelaos 136
Merton College 150
Michaeliskirche Hildesheim 126

Dieter Lelgemann
Die Erfindung der Messkunst

Wie kam es zu dem hohen Stand von Mathematik und Naturwissenschaften im antiken Griechenland? Der Autor liefert erstaunliche Antworten. Lelgemann beweist anhand jüngster Forschungsergebnisse, dass viele der antiken Berechnungen noch exakter sind, als man bislang angenommen hatte. Seine Publikation ist nicht nur ein Buch für naturwissenschaftlich und historisch Interessierte, sondern auch ein Anstoß für künftige Wissenschaftsdiskurse.

Dieter Lelgemann
Die Erfindung der Messkunst. Angewandte Mathematik im antiken Griechenland.
Mit einem Vorwort von Eberhard Knobloch
2., durchgesehene Auflage 2011
286 S. mit 86 s/w Abb., 41 Tab., Bibliogr., 14,5 x 22 cm,
Fadenh., geb. mit SU.

ISBN 978-3-534-24398-3

WBG
Wissen *verbindet*